金属硅氧烷的合成
及其阻燃应用

叶新明　著

中国矿业大学出版社
·徐州·

图书在版编目(CIP)数据

金属硅氧烷的合成及其阻燃应用 / 叶新明著.

徐州：中国矿业大学出版社，2024. 11. — ISBN 978-7-
5646-6502-9

Ⅰ. TQ314.24

中国国家版本馆 CIP 数据核字第 2024G54H03 号

书　　名	金属硅氧烷的合成及其阻燃应用
著　　者	叶新明
责任编辑	陈红梅
出版发行	中国矿业大学出版社有限责任公司
	（江苏省徐州市解放南路　邮编 221008）
营销热线	（0516)83885370　83884103
出版服务	（0516)83995789　83884920
网　　址	http://www.cumtp.com　E-mail：cumtpvip@cumtp.com
印　　刷	徐州中矿大印发科技有限公司
开　　本	787 mm×1092 mm　1/16　印张 9.25　字数 231 千字
版次印次	2024 年 11 月第 1 版　2024 年 11 月第 1 次印刷
定　　价	45.00 元

（图书出现印装质量问题，本社负责调换）

前　　言

多面体低聚硅倍半氧烷(POSS)是一种有机-无机杂化大分子材料,由于其分子结构中存在大量的有机基团和活性官能团,使得 POSS 在高聚物基体中有良好的相容性。此外,POSS 分子结构中的 Si—O—Si 笼状刚性结构的存在又能赋予所制备高分子复合材料优异的热稳定性。因此,POSS 作为硅系阻燃剂应用于各种高分子材料受到关注。

不完全缩聚硅氧烷分子结构中含有多个反应活性很高的 Si—OH,因此,其可以作为"封角反应"的原料进一步与三氯硅烷、三烷氧基硅烷和某些含金属的化合物发生化学反应,通过"顶角-盖帽"而得到含有各种金属元素的硅倍半氧烷。但是,目前国内对其工业级制备仍然处于空白阶段,大多数从国外购买。而化工产品实现国内自主化生产以摆脱对国外化工品的依赖,对于化工行业的科研工作者是非常重要的任务。同时,这类金属硅氧烷阻燃剂结合了金属抑烟和硅氧烷阻燃的双重优势,用于阻燃环氧树脂效果非常好。

2017 年以来,笔者对含金属元素的多面体低聚硅倍半氧烷的合成及其在环氧树脂中的应用进行了系统研究,在金属硅氧烷的合成以及其对环氧树脂的阻燃机理方面有了一些新的认知。本书主要介绍甲基硅倍半氧烷钠盐(Na-MOSS)、七苯基硅倍半氧烷锂盐(Li-Ph-POSS)、含铜四苯基硅倍半氧烷(Cu-Ph-POSS)、七苯基硅倍半氧烷钠盐(Na-Ph-POSS)和七异丁基含锂硅倍半氧烷(ibu-T_7-Li-POSS)等多种金属硅氧烷的合成,并详细地探讨每种金属硅氧烷对环氧树脂阻燃和抑烟性能的影响规律。

期望本书能够对从事金属硅氧烷化合物分子设计和合成的科研工作者提供颇有价值的参考,也期望这类金属硅氧烷的合成早日实现工业化制备,在其他高分子材料中得到更有价值的应用。

著　者

2024 年 9 月

目　　录

第 1 章　甲基硅倍半氧烷钠盐阻燃环氧树脂

1.1　引言

环氧树脂(EP)作为热固性塑料的重要代表,因其优异的耐化学性质、较强的附着力和较低的制造成本而被广泛应用于工业生产中[1-3]。然而,燃烧过程中表现出的可燃性和产生的黑烟是 EP 工业应用面临的关键问题。因此,人们致力于开发高效的 EP 无卤阻燃剂和抑烟剂。有机 - 无机杂化含硅化合物具有优越的热稳定性和与聚合物基体的良好相容性,可作为环境友好型阻燃剂。这些化合物通常指的就是多面体低聚硅倍半氧烷(POSS)、不完全缩合的多面体低聚硅倍半氧烷(T_7-POSS)、线性阶梯状结构的聚硅倍半氧烷(L-PSQs)和环状阶梯状聚苯基硅倍半氧烷(cyc-PSQs)等。

在环氧树脂改性方面,大环低聚硅倍半氧烷(MOSS)与环氧树脂的共混不仅相容性好、能很好地分散于基体树脂中,而且通过范德华力、氢键作用及偶极作用可与环氧树脂链段紧密结合,无机笼形骨架结构也能够有效限制链段运动,从而提高环氧树脂耐热性。MOSS 纳米粒子的笼形结构还可终止树脂微裂纹尖端的发展,引发银纹或剪切带,或分子链重新排列,从而促进韧性的改善[4-6]。根据不同分子设计可使 MOSS 所带有的特定 R 基团与环氧树脂进行化学反应,以共价键连接到树脂的分子链上,参与和强化体系交联网络的建立。由于引入耐热的Si—O 键,且交联密度的增大和树脂大分子链运动的进一步限制,使树脂的耐热性可得到进一步的提升和改善。MOSS 的引入可降低体系黏度,保持环氧树脂原有加工性能及应力 - 应变特性,使强度、弹性模量及硬度、降解温度等指标均得到提高。MOSS 的引入不仅提高了环氧树脂的抗热氧化分解能力,而且高温燃烧后所形成的 SiO_2 沉积于树脂表面,可作为保护层延迟环氧树脂残留基体的燃烧速度、降低燃烧热,进一步缓解高温燃烧氧化的作用。

近年来,随着环保问题的日益重视,大量无卤阻燃剂被用作阻燃聚合物,如碳纳米管、层状双氢氧化物、磷系阻燃剂、蒙脱土等[7-9]。这些报道也证实了特殊金属元素对 EP 具有明显的阻燃作用。然而,关于含碱金属的环状聚硅倍半氧烷的合成及应用研究鲜有报道[10-12]。因此,这些化合物需要进一步研究开发。

沸石作为一种传统的多孔材料,在气体分离、储能和催化剂等领域具有不可替代的作用。值得注意的是,聚硅倍半氧烷分子类似于沸石的二级构筑单元,大量的报道表明,聚硅倍半氧烷可以作为一种典型的纳米级构筑单元来构建多孔多功能有机 - 无机纳米材料。Wu 等人[13]采用苯和八乙烯基硅倍半氧烷(OVS)通过 Friedel-Crafts 反应制备了孔隙率可调的杂化多孔材料。Chen 等人[14]通过端氢硅纳米晶(ncSi∶H)和乙烯基 POSS 的热硅氢化和聚合制备了多孔 POSS 基聚合物复合材料。

材料的化学结构决定了其宏观性能。与线性化合物相比,尽管大环化合物中只有一个化学键的差异[15],但是大环化合物由于其独特的环状拓扑结构,赋予其一些优越的物理化学性质,如较小的流体力学体积、较低的黏度和较高的玻璃化转变温度,使其在超分子自组装、药物、体外显示和耐热聚合物等领域具有广阔的应用前景。环状硅倍半氧烷的概念最早由斯科特(Scott)于 1946 年提出,而大环低聚硅倍半氧烷(MOSS)是一类有趣的有机-无机杂化纳米材料,是由 Si—O—Si 组成的三维无机刚性环状结构[16-18]。此外,MOSS 作为聚硅倍半氧烷家族的一员,是通过 $RSiCl_3$ 或 $RSi(OR')_3$ 的水解和缩聚制得的。

本章以甲基三甲氧基硅烷、氢氧化钠和去离子水为原料,在乙醇溶液中通过简单的"一锅法"合成一系列相对分子质量不同的大环低聚硅倍半氧烷钠盐(Na-MOSS)。将制备的 Na-MOSS 粉末直接涂到导电胶上,通过扫描电镜观察到 Na-MOSS 粉末呈现亚微米棒状形态,而且孔隙率采用 Brunauer-Emmett-Teller(BET)法进行详细表征。所合成的目标产物 Na-MOSS 具有优异的热稳定性。将 Na-MOSS 作为 EP 的添加剂,不仅能够提高所制备 EP 复合材料的力学性能,而且能够有效减少 EP 复合材料燃烧过程中热量、烟雾和有毒气体的释放,同时详细探究 Na-MOSS 对 EP 的阻燃和抑烟机理。因此,Na-MOSS 的成功合成和应用将为制备高性能 EP 复合材料的抑烟剂提供可能。

1.2 实验部分

1.2.1 实验原料

本章涉及的原料见表 1-1。

表 1-1 主要实验原料

名称	生产厂家	规格
乙醇	北京通广精细化工公司	分析纯
氢氧化钠	北京通广精细化工公司	分析纯
甲基三甲氧基硅烷(MTMS)	阿拉丁试剂有限公司	>97%
去离子水	北京化学试剂公司	分析纯
环氧树脂(DGEBA,E-44)	肥城德源化工有限公司	分析纯
氨基砜(DDS)	天津光复精细化工研究所	>98%

1.2.2 测试仪器和方法

红外光谱仪(FTIR):6700 型傅里叶红外光谱仪,美国 Nicolet 公司生产,选用 16 次的扫描次数,4 cm^{-1} 的分辨率,扫描波数范围为 400~4 000 cm^{-1}。

核磁共振仪(NMR):瑞士 Bruker 公司生产的 Avance 600 NMR(600 MHz)波谱仪,^{1}H NMR,^{13}C NMR 和 ^{29}Si NMR 的所用溶剂为 D_2O,^{1}H NMR 以四甲基硅氧烷为内标物,^{13}C NMR 和 ^{29}Si NMR 没有内标物。

基质辅助激光解吸电离飞行时间质谱仪（MALDI-TOF MS）：瑞士 Bruker 公司制造，Biflex Ⅲ 型质谱仪。检测模式为正离子模式，所得到的质谱图为 50 次激光扫描的累加图。为了促进分子离子的形成，该测试采用 α-氰基-4-羟基肉桂酸基质（CHCA），并加入氯化钠和氯化钾混合盐。

Hitachi S-4800 型扫描电子显微镜（SEM）和 FEI Tecnai G2 F30 型透射电子显微镜（TEM）：观察 Na-MOSS 粉末的表面形貌特征。通过能量色散 X 射线光谱仪（EDXS EX-350）对 C、O、Si 和 Na 元素进行面扫。

3H-2000PS2 分析仪（北京谱德仪器有限公司）：积采用 BET 方法测定 Na-MOSS 粉末的比表面积。

X 射线衍射仪（XRD）：日本理光 Rigaku 公司生产的 D/MAX 2500，Cu Kα 射线源，$\lambda=$ 1.540 78 Å[①]。测试范围为 2°～90°，扫描速度为 6°/min。

热重-红外联用（TG-FTIR）测试：德国 NETZSCH 公司 209F1 型热重分析仪与傅里叶变换红外光谱仪（TGA-FTIR，Nicolet 6700）配套使用，测量是在空气中以 20 ℃/min 的升温速率从 40 ℃ 到 800 ℃ 进行的。每次测试的样品质量为 6～10 mg，测试中保护气（高纯氮）的气体流速为 20 mL/min，吹扫气（空气）的流速为 60 mL/min。

X 射线光电子能谱分析（XPS）：日本 Ulvac-PHI 公司 Quantera Ⅱ 型（Ulvac-PHI）X 射线光电子能谱仪，测试结果是在 250 W（12.5 kV，20 mA）和高于 10^{-6} Pa（10^{-8} Pa）的真空下获得的，XPS 的特征结果误差值在 ±3%。

锥形量热（Cone）测试：根据 ISO 5660—1 标准，采用英国 FTT 的锥形量热仪进行测试分析。辐照功率为 50 kW/m^2。样品尺寸为 100 mm×100 mm×3 mm，测试过程样品水平放置。书中的 Cone 数据均为三次测量的平均值，且三次测量数据的误差范围为 ±10%。

极限氧指数（LOI）测试：根据 GB/T 2406.1—2008 标准，采用英国 RS 公司 FTA Ⅱ 型极限氧指数仪进行测试，试样尺寸为 100 mm×6.5 mm×3 mm，每组样品有 15 个样条。

动态热机械分析仪（DMA，SDTA861e）：测试 EP 和 EP/Na-MOSS（长 6.0 mm，宽 6.0 mm，厚 3.0 mm）的动态力学行为，升温速率为 5 ℃/min，测试温度为 50～250 ℃，采用双悬臂梁装置在 1 Hz、5 N 和 2 μm 状况下对样品进行测试。

弯曲强度的测试：采用 DXLL-5000 型电子拉力试验机（上海登杰机器设备有限公司），根据 GB/T 2567—2008 标准，样品尺寸为 100 mm×15 mm×4 mm，测试的最大速率为 2 mm/min。

Raman 2000 型光谱系统（德国雷尼绍）：测试残炭的拉曼（Roman）光谱，扫描范围为 300～3 500 nm。

介电常数和介电损耗测试：美国生产的型号为 Agilent N5230c 矢量网络分析仪，样品是厚度为 3 mm 且直径为 25 mm 的圆片，频率范围为 100 Hz～10 MHz。

1.2.3　Na-MOSS 的合成

在伴有磁力搅拌的情况下，首先将 100 mL 乙醇、6.8 g MTMS 和 2.0 g NaOH 依次加入干燥的 250 mL 三颈圆底烧瓶中，然后升温至 65 ℃，在此温度下继续反应 18 h。将 1.8 mL

---

① 1 Å=0.1 nm，下同。

去离子水逐滴滴入上述混合溶液中,继续搅拌 4 h。反应结束后通过抽滤除去废液,将得到的白色滤饼用乙醇洗涤多次,然后在 80℃ 的鼓风烘干箱中干燥 24～26 h,得到白色粉末状固体。Na-MOSS 的合成路线如图 1-1 所示,相应的相对分子质量表征数据列于表 1-2。

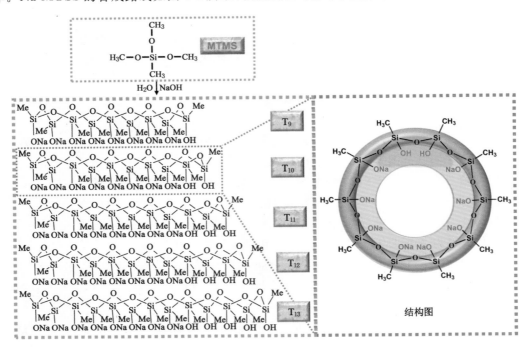

图 1-1　一系列甲基大环硅倍半氧烷钠盐(Na-MOSS,Me＝CH₃)
的合成路线及相应的化学结构式

表 1-2　一系列 Na-MOSS 的 MALDI-TOF MS 谱中每个分子离子峰
所对应的数值和相应的化学结构式

化学结构式		甲基大环硅倍半氧烷钠盐	
		实验得到的平均相对分子质量	理论计算得到的相对分子质量
T_9+H_2O		878.2	878
T_{10}		935.9	936
$T_{10}+H_2O$		953.9	954

表 1-2(续)

化学结构式	甲基大环硅倍半氧烷钠盐	
	实验得到的平均相对分子质量	理论计算得到的相对分子质量
T_{11}	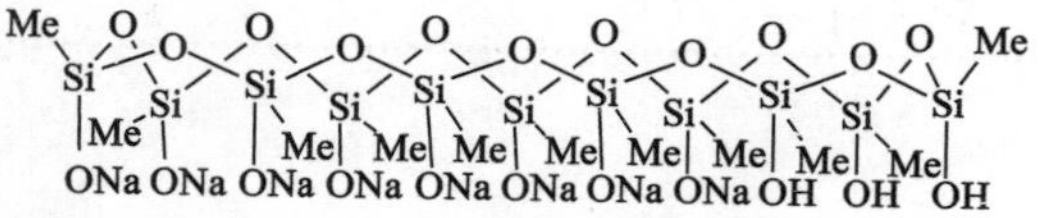 1 011.9	1 012
$T_{11}+H_2O$	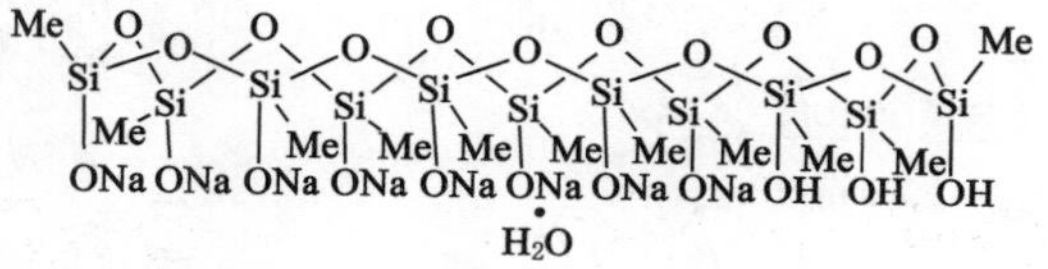 1 029.9	1 030
T_{12}	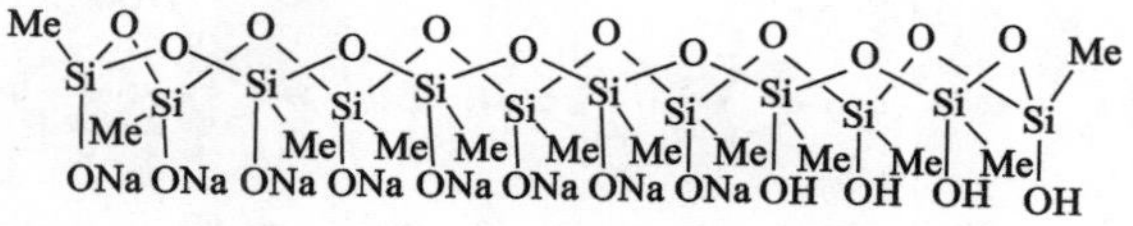 1 087.9	1088
$T_{12}+H_2O$	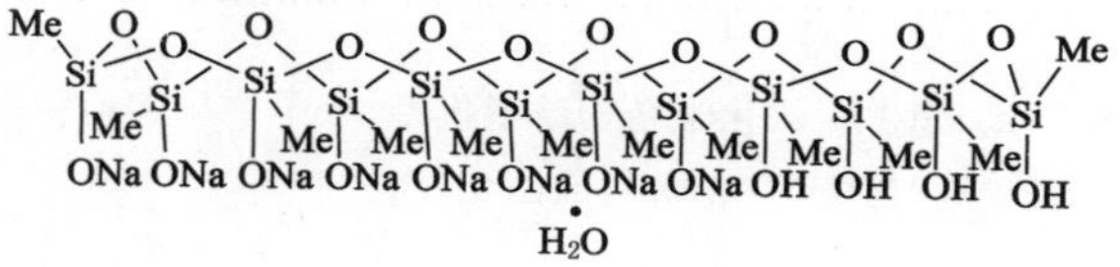 1 105.9	1 106
T_{13}	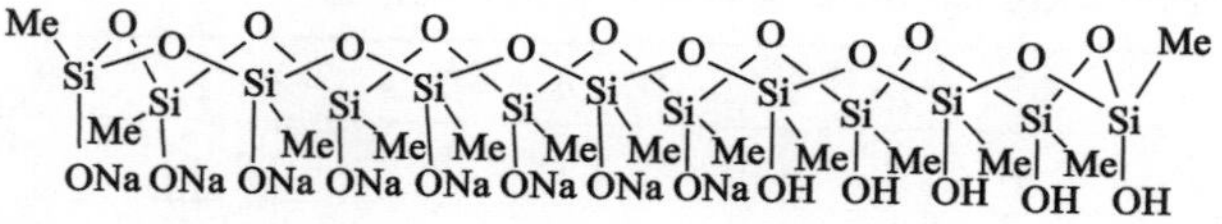 1 165.9	1 166
$T_{13}+H_2O$	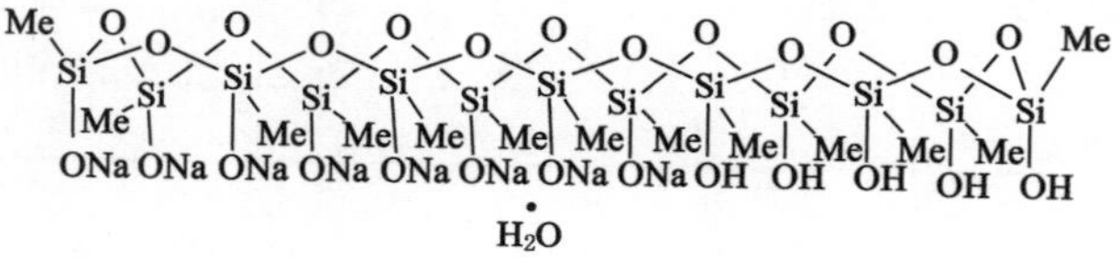 1 183.9	1 184

1.2.4　环氧树脂复合材料的制备

首先,在干燥的三颈圆底烧瓶中加入 DGEBA(E-44),在 140 ℃状况下机械搅拌预热 30 min,将 Na-MOSS 加入 E-44 中继续搅拌 60~90 min 使其充分溶解。其次,将 DDS 加入混合液体中并搅拌 30~45 min。最后,将所得混合液体快速倒入聚四氟乙烯(PTFE)模具中,并在 180 ℃下固化 4 h。纯 EP(DGEBA-DDS)的制备类似于以上步骤,只是去除添加 Na-MOSS 的过程。EP/Na-MOSS 复合材料的固化过程如图 1-2 所示,EP 和 EP/Na-MOSS 复合材料的各组分列于表 1-3。

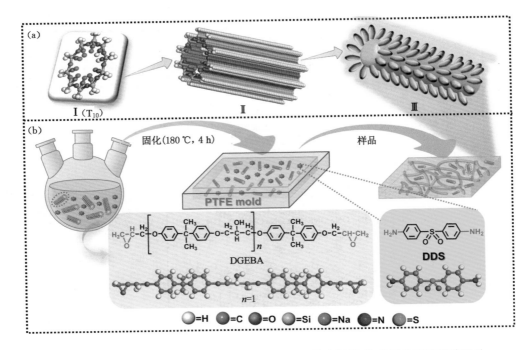

图 1-2　亚微米棒状结构 Na-MOSS(T$_{10}$)的化学结构球棍模型、分子堆积和形貌以及
EP 和 EP/Na-MOSS 复合材料的固化过程

表 1-3　EP 和 EP/Na-MOSS 复合材料各组分的质量

样品名称	各组分的质量/g		
	E-44	DDS	Na-MOSS
EP	260	78	0
EP/1%Na-MOSS	260	78	3.41
EP/2% Na-MOSS	260	78	6.90

1.3　Na-MOSS 化学结构和性能表征

1.3.1　Na-MOSS 的 FTIR 分析

图 1-3 给出了 MTMS 和 Na-MOSS 的 FTIR 谱。原料 MTMS 的 FTIR 谱中 1 190 cm^{-1} 和 2 840 cm^{-1} 处的吸收峰归属于—O—CH$_3$ 特征峰,在产物 Na-MOSS 的 FTIR 谱中完全消失,这意味着 MTMS 在 NaOH 存在下发生了水解缩合反应,且反应后完全没有原料剩余。此外,MTMS 的 FTIR 谱在 1 078 cm^{-1} 处只出现了单一的尖锐归属于 Si—O 键的吸收峰。与此不同的是,产物 Na-MOSS 的红外谱图在 1 175～1 000 cm^{-1} 出现了多个强度较高的吸收峰,这是因为 Si—O—Si 键的多重化学环境造成的。另外,产物 Na-MOSS 的红外谱图在 928 cm^{-1} 处的尖锐吸收峰归属于 Si—O—Na 键的伸缩振动峰,880 cm^{-1} 处的强度较弱吸收

峰对应于 Si—OH 结构的特征峰。因此,产物中—O—CH₃ 旧键的消失,Si—O—Si、Si—O—Na 和 Si—OH 等新键的出现,证明了 MTMS 在 NaOH 和 H₂O 的作用下完全发生了水解反应,生成了产物 Na-MOSS。

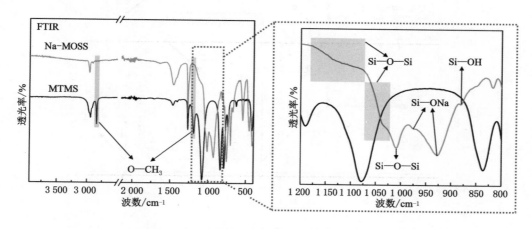

图 1-3　MTMS 和 Na-MOSS 及局部放大(1 200~800 cm⁻¹)的 FTIR 谱

1.3.2　Na-MOSS 的 NMR 分析

图 1-4 给出了 MTMS 和 Na-MOSS 的 ^{1}H NMR 谱。该谱与 FTIR 谱相似,属于原料 MTMS 中的—O—CH₃ 官能团中氢质子的共振信号峰(化学位移为 3.53×10^{-6})在产物 Na-MOSS 的 ^{1}H NMR 谱中完全消失了,进一步证明了 MTMS 水解反应是彻底的。同时,Na-MOSS 的 ^{1}H NMR 谱中化学位移在 $(-0.05 \sim -0.20) \times 10^{-6}$ 处出现了多个氢质子共振信号峰,归属为—CH₃ 的多重共振信号峰,表明 Na-MOSS 中—CH₃ 的化学环境并不完全相同。此外,Na-MOSS 的 ^{1}H NMR 谱在 $(1.08 \sim 0.96) \times 10^{-6}$ 区域内出现多个氢质子的共振信号峰,该处可以归属为 Si—OH 中的氢质子的共振信号峰。因此,MTMS 和 Na-MOSS 的 ^{1}H NMR 谱进一步证明 MTMS 在 NaOH 和 H₂O 的作用下完全发生了水解反应,产物 Na-MOSS 中含有—CH₃ 和 Si—OH 多个官能团。

如图 1-5 所示,在 MTMS 的 ^{13}C NMR 谱中,化学位移在 50.34×10^{-6} 处出现的—O—CH₃ 中甲基的碳原子共振信号峰,在 Na-MOSS 的 ^{13}C NMR 谱中完全消失,进一步证明了 MTMS 中活性基团—O—CH₃ 在 NaOH 和 H₂O 的存在下发生了完全水解反应,目标产物中没有剩余。此外,与 MTMS 中—CH₃ 所产生的单一 ^{13}C NMR 共振信号峰不同,在 Na-MOSS 的 ^{13}C NMR 谱出现了多个—CH₃ 的 C 原子共振信号峰,说明 MTMS 在 NaOH 和 H₂O 的作用下反应生成的 Na-MOSS 中的—CH₃ 化学环境变得复杂。因此,基于以上结构表征证明 MTMS、NaOH 和 H₂O 三者在乙醇溶剂中发生了反应,并且成功地将 Na 接枝到了 Si—O 结构上。

图 1-6 给出了 MTMS 和 Na-MOSS 的 ^{29}Si NMR 谱图。与 MTMS 的 ^{29}Si NMR 谱图中单一的 Si 原子共振信号峰不同,Na-MOSS 的 Si 原子共振信号峰发生了明显的变化,出现了多个峰位。例如,化学位移为 -41.06×10^{-6} 处的共振信号峰归属于 CH₃—Si—ONa 碎片。另外 3 个共振信号峰位于 -49.06×10^{-6}、-49.58×10^{-6} 和 -50.85×10^{-6} 处,归属于

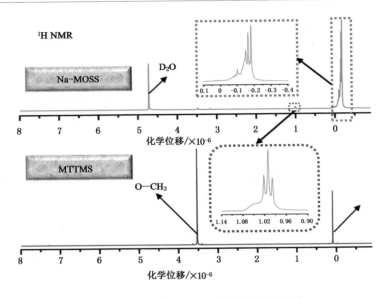

图 1-4　MTMS 和 Na-MOSS 的 ^{1}H NMR 谱

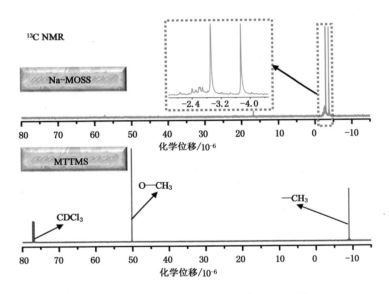

图 1-5　MTMS 和 Na-MOSS 的 ^{13}C NMR 谱

不同化学环境的 CH_3—Si—OH 碎片。

1.3.3　Na-MOSS 的 MALDI-TOF MS 分析

MALDI-TOF MS 谱还可以进一步提供环状 Na-MOSS 的相对分子质量的表征。如图 1-7 所示，两个主要分子离子峰的 m/z 值相差 76，而"$MeSiHO_2$"结构的相对分子质量的理论计算值也为 76，说明所制备产物 Na-MOSS 的分子结构中含有重复结构单元"$MeSiHO_2$"。另外，以 T_{10}（定义为大环上含有 10 个 Si 原子）为例，如图 1-7 所示，每个分子离子峰都有 3 个主要的分裂峰，两个峰值对应数值之间的差值为 1。

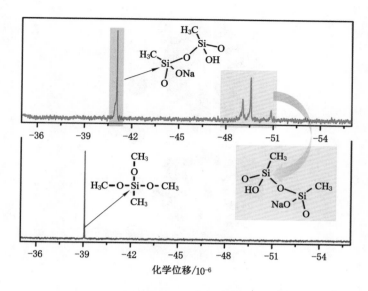

图 1-6　MTMS 和 Na-MOSS 的 ^{29}Si NMR 谱

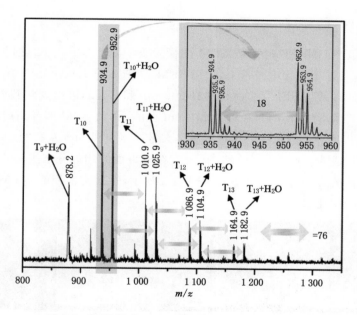

图 1-7　MTMS 和 Na-MOSS 的 MALDI-TOF MS 谱

此外,环状化合物的中空空腔可以吸附小分子物质,而用于 MALDI-TOF MS 谱测试的溶剂为去离子水,水分子的相对分子质量为 18,此值的大小恰好与相邻的两个分子离子峰的差值(如 934.9 和 952.9)一致。如表 1-2 所列,通过计算对每个分子离子峰进行了相应大环分子结构式的精准确认。同时,为了直观起见,图 1-8 给出了大环 Na-MOSS 的 T_{10} 和 $T_{10}+H_2O$ 分子的球棍模型。基于上述综合分析,最终成功地合成了一系列环状 Na-MOSS 大分子产物。

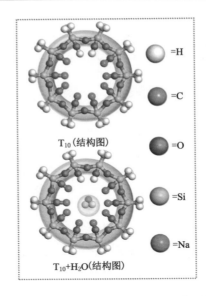

图 1-8　大环 Na-MOSS 的 T_{10} 和 $T_{10}+H_2O$ 分子的球棍模型

1.3.4　Na-MOSS 的微观形貌分析

图 1-9 给出了 Na-MOSS 粉末的 SEM 图像及 Si、O 和 Na 元素的面扫图，将得到的 Na-MOSS 粉末直接涂覆在导电胶带上，采用 SEM 和 EDS 对 Na-MOSS 的微观形貌和元素组成进行分析。通过低倍 SEM 照片（标尺杆为 5 μm 和 2 μm）可以观察到 Na-MOSS 粉末呈现亚微米级的棒状形貌，棒的直径约为 270 nm。由高倍的 SEM 照片（标尺杆为 1 μm 和 500 nm）可以看出，这种亚微米级的棒状形貌是大量尺寸为 20 nm 左右的 Na-MOSS 纳米棒通过有序自组装形成的。此外，Si、O 和 Na 元素在棒表面的均匀分布进一步证明了亚微米尺寸的棒状组装体的成分为 Na-MOSS。如图 1-9 所示，在紧密堆积的 Na-MOSS 纳米棒周围分布着许多狭缝状孔洞。

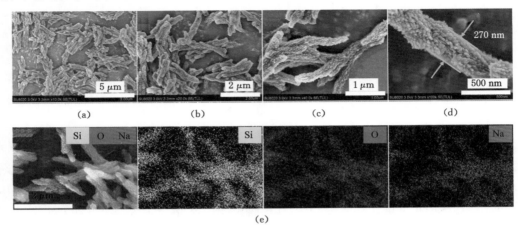

图 1-9　Na-MOSS 粉末的 SEM 图像及 Si、O 和 Na 元素的面扫图

通常情况下,由于低维纳米材料的粉末晶体极容易团聚在一起,其真实的微观形貌势必然会受到影响,无法清晰地观察到。因此,通常采用液相超声辅助剥离的方法来研究低维纳米材料的形貌。我们探究了 Na-MOSS 粉末经两种不同溶剂中超声后的微观形貌。图 1-10 给出了 Na-MOSS 粉末测试样品的制备和不同分散液处理后的微观形貌。样品制备的详细流程如下:首先,将 0.5 mg 的 Na-MOSS 粉末掺入 15 mL 的乙醇/丙酮溶液中,并将混合液置于 50 ℃ 水浴中超声处理 15 min;其次,将一小滴 Na-MOSS 的乙醇/丙酮混合液滴在碳膜包覆的铜载网上,使样品在 80℃ 鼓风烘干箱中干燥,挥发掉乙醇/丙酮溶剂,得到所用的测试样品。

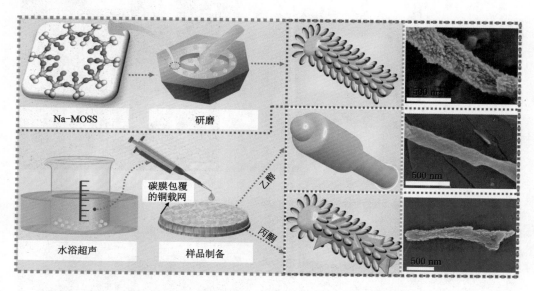

图 1-10　Na-MOSS 粉末测试样品的制备和不同分散液处理后的微观形貌

图 1-11 给出了液相超声辅助下 Na-MOSS 粉末在乙醇/丙酮分散液中的 SEM、TEM 照片和相应的 Si、O 和 Na 元素的面扫图。大量的亚微米棒覆盖了整个视野,但其直径在 110~200 nm 范围内变化,其值明显小于直接将 Na-MOSS 粉末涂覆在导电胶上形成的棒状形貌直径,而且所形成的亚微米棒的表面是光滑的。此外,相应的 Si、O 和 Na 元素的面扫图进一步证明产生的亚微米棒的主要成分为 Na-MOSS。在图 1-11 中,我们观察到 Na-MOSS 粉末在丙酮溶液中并伴有升温和超声辅助条件下的自组装形貌为表面粗糙的亚微米棒,且其直径在 150~250 nm 范围内变化。同时,亚微米棒表面分布有大量的纳米片和纳米棒。与乙醇分散液中形成的自组装形貌,在丙酮分散液中所形成的自组装形貌与 Na-MOSS 自身的原始形貌更接近。由此可见,超声所选择的分散溶剂种类对同一种物质所形成晶体的微观形貌特征有较为显著的影响。

1.3.5　Na-MOSS 的孔隙率分析

如图 1-12 所示,在紧密堆积 Na-MOSS 纳米棒的周围分布着许多狭缝状的孔隙,可采用 BET 分析方法研究 Na-MOSS 粉体的比表面积和孔径分布。基于 BET 多点法测试的比

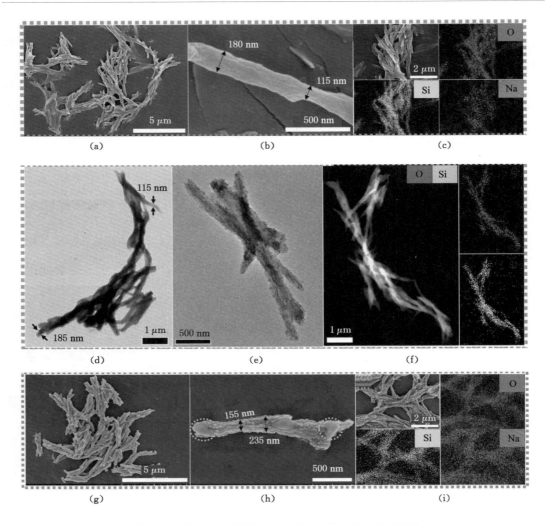

图 1-11 液相超声辅助下 Na-MOSS 粉末在乙醇/丙酮
分散液中的 SEM、TEM 图像和元素的面扫图

表面积高达 118.6 m²/g。图 1-12(a)显示了独特的Ⅳ型等温线曲线,该曲线在相对较高的压力下精确地赋予了 H₃ 型滞后回路(p/p_0>0.8)。这一典型特征表明 Na-MOSS 是一种介孔材料。通常情况下,H₃ 型滞后回路表示出现了大裂缝隙状孔洞。此外,孔径分布的计算是基于 Barrett-Joyner-Halenda(BJH)法对脱附枝的数据进行分析。如图 1-12(b)所示,在形成的 Na-MOSS 粉末中仅出现了孔径为 2.3 nm、3.4 nm 和 17.7 nm 的孔洞结构。17.7 nm 的孔径与 SEM 图片中狭缝堆积所形成的缝隙的大小几乎一致,如图 1-12(b)的内嵌图所示。此外,2.3 nm 和 3.4 nm 的微小孔洞可能与多面体低聚硅倍半氧烷自身的笼状结构密切相关。

图 1-13 给出了 Na-MOSS 粉末的 XRD 光谱,多个尖锐而强度较高的衍射峰分别在 2θ=7.7°、15.5°、24.0° 和 27.3° 位置出现,分别对应 d=11.5 Å、5.7 Å、3.7 Å 和 3.3 Å 的间距值。同时,这些强而尖锐衍射峰的出现,表明所得到的 Na-MOSS 粉末具有高度的结晶性能。

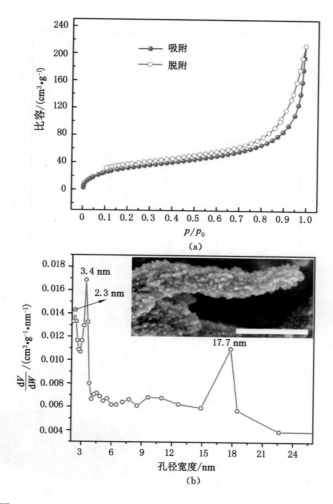

图 1-12　Na-MOSS 粉末的氮气吸附 - 脱附等温线和孔径分布曲线

1.3.6　Na-MOSS 的热稳定性分析

采用 TG-FTIR 测试手段进一步分析了 Na-MOSS 的热性能。一般情况下,物质在加热过程中会发生热裂解,并伴有气体挥发物的释放和质量的损失。如图 1-14 所示,Na-MOSS 的质量随着温度的升高,初始阶段逐渐减少,但当温度升高到 550 ℃时,却伴随着温度的升高,质量在逐渐增加。此类现象首次在该产物的热裂解过程中被发现。同样,在空气氛下的温度范围从 550 ℃升高到 800 ℃时[图 1-14(c)],虽然质量略有增加,但并不明显。因此,Na-MOSS 的热解产物在相对高浓度的氮气气氛中会与氮气发生化学反应。此外,Na-MOSS 在氮气氛围中的初始分解温度(定义为质量损失为 5%时对应的温度)和 800 ℃下的残余量分别为 427 ℃和 89.6%(表 1-4)。特别地,Na-MOSS 的热分解过程在 100~450 ℃范围内极为缓慢。因此,在 3D TG-FTIR 谱中,几乎没有任何可见的热裂解气体红外峰。在 450~550 ℃范围内,质量损失速率最高。

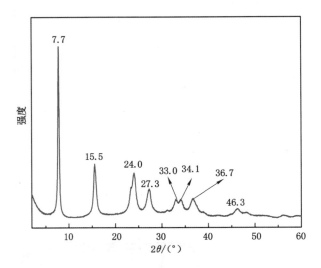

图 1-13 Na-MOSS 粉末的 XRD 光谱

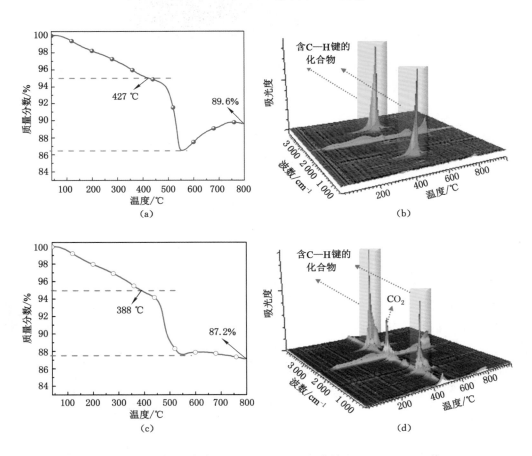

图 1-14 氮气/空气氛下 Na-MOSS 的 TG 曲线和 3D TG-FTIR 谱

表 1-4 氮气/空气氛下 Na-MOSS 的热分解数据

气氛	质量损失为 5% 的温度/℃	最大热分解速率处的温度/℃	800 ℃的残余量/%
氮气	427	537	89.6
空气	388	475	87.2

将 3D TG-FTIR 谱与最大热分解速率处的 FTIR 谱相结合(图 1-15),最大热分解速率下产生的挥发性气体成分具体为:烃类有机小分子(含 C—H 键的化合物)。当然,Na-MOSS 在空气氛下由于有氧气参与反应,还产生了一些其他气体产物,如 CO 和 CO_2。

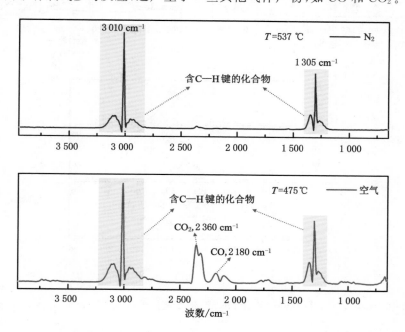

图 1-15 氮气/空气氛下 Na-MOSS 热分解产生气体挥发物的 FTIR 谱

为了探究 Na-MOSS 在 550~800 ℃范围内质量不减少反而增加的原因,图 1-16 给出了 Na-MOSS 热分解过程中对应温度下产生的凝聚相产物的 FTIR 谱、XPS 宽扫光谱和高分辨率 XPS 光谱。与 0 ℃条件下 Na-MOSS 粉末的 FTIR 谱和高分辨率 Si $2p$ XPS 光谱相比,在 450 ℃及以上温度下得到的残炭,其 FTIR 谱中 880 cm^{-1} 处 Si—OH 的吸收峰高分辨率 Si $2p$ XPS 光谱中 104.4 eV 处的 Si—OH 键完全消失。同时,位于 1 455 cm^{-1} 处的 C—H 的特征吸收峰也完全消失。基于上述分析可以推断出,在 0~450 ℃范围内,Na-MOSS 分子中的大量 Si—OH 键相互交联后产生了 H_2O,造成了质量损失。同时,Na-MOSS 分子中的烷烃基团的热分解也造成了一部分的质量损失。当温度上升到 550 ℃时,位于 2 961 cm^{-1} 处—CH_3 的特征峰和 1 268 cm^{-1} 处 C—Si 的特征峰完全消失,而 Si—O—Si 的特征峰(1 175~1 000 cm^{-1})变宽并且向较低的波数段转移。在高分辨率 Si $2p$ XPS 光谱中,也有类似的结果出现。此外,Na 和 C 的原子浓度分别从 7.26%、39.76% 分别显著提高到 11.7%、51.35%,而 Si 的原子浓度则从 14.30% 下降到 4.57%。

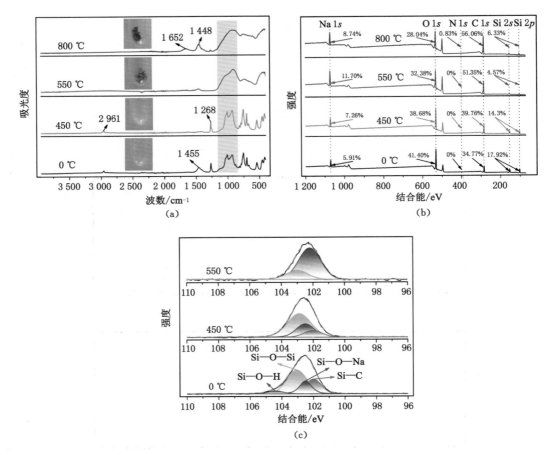

图 1-16　凝聚相产物的数码照片、FTIR 谱、XPS 宽扫光谱和高分变率 Si $2p$ XPS 光谱

研究结果表明，在 450～550 ℃ 范围内，热降解过程主要涉及 Si—O—Si 笼的裂解、—CH₃ 基团的进一步分解和交联反应。特别地，对于 800 ℃ 下凝聚相产物的 FTIR 谱，在 1 652 cm⁻¹ 处出现了一个新的峰，属于 C—N 键的伸缩振动。同时，XPS 宽扫光谱进一步证明，经 800 ℃ 煅烧后，少量的氮元素掺杂在剩余残碳中。这些详细的测试分析证明，在 550 ℃ 向 800 ℃ 的升温过程中，产物质量增加的原因在于高温产生的残炭和气氛中的氮元素发生了化学反应，将一定量的氮元素以 C—N 键的形式残留在剩余残炭中。

1.4　EP/Na-MOSS 性能和机理研究

1.4.1　EP/Na-MOSS 阻燃性能分析

众所周知，火灾的主要隐患集中在热量释放、烟雾产生和有毒挥发物的排放方面。采用锥形量热仪对所有制备的样品进行测试，能够模拟真实火灾场所中热量、烟雾和有毒气体挥发物的产生速率以及释放量。分别测试以 1% 和 2% 的添加量将 Na-MOSS 粉末加入

EP 基材后的阻燃和抑烟效果。图 1-17 给出了 EP 和 EP/Na-MOSS 复合材料的热释放速率（HRR）、CO 产生速率（COP）、烟雾释放速率（SPR）和总烟雾释放量（TSP）曲线，同时也给出了 EP、EP/1% Na-MOSS 和 EP/2% Na-MOSS 锥形量热仪测试后残炭的数码照片。从热量释放和有毒气体 CO 的排放速率角度来看，与 EP 相比，EP/2% Na-MOSS 的热释放速率峰值（p-HRR）和 CO 产生速率峰值（p-COP）分别降低了 14.3% 和 25.0%。

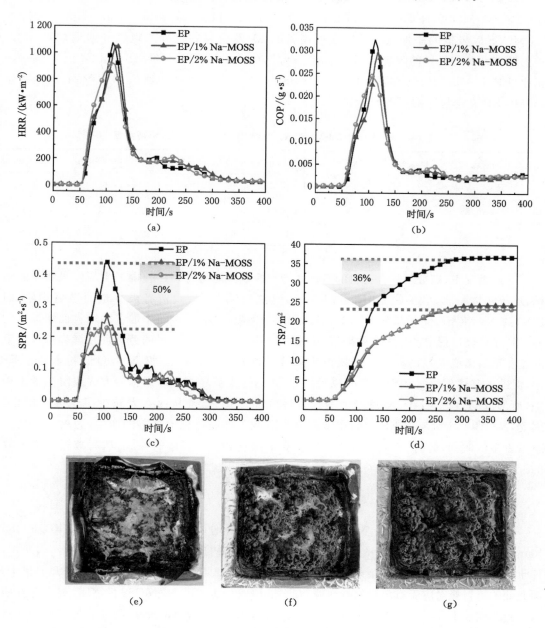

COP—CO 产生速率。

图 1-17　EP 和 EP/Na-MOSS 复合材料的 HRR、COP、SPR 和 TSP 曲线及
EP、EP/1% Na-MOSS 和 EP/2% Na-MOSS 锥形量热仪测试后残炭的数码照片

与此同时,Na-MOSS 粉末的添加可以使环氧树脂复合材料的 p-HRR 值和 p-COP 值随着 Na-MOSS 粉末添加量的逐渐增加而显示出轻微的降低。值得注意的是,当 Na-MOSS 的添加量仅为 1% 时,EP/1% Na-MOSS 的 p-SPR 与纯 EP 相比明显降低至 0.27 m^2/s(而纯 EP 的 p-SPR 值为 0.44 m^2/s),降低了 38.6%。进一步将 Na-MOSS 粉末的添加量增加提高到 2%,EP/2% Na-MOSS 的 p-SPR 值显著降低了 50%(与纯 EP 相比)。此外,EP/2% Na-MOSS 的 TSP 值也降低了 36%(与纯 EP 的 TSP 值 36.8 m^2 相比)。因此,Na-MOSS 以极低的添加量能够赋予所制备的 EP 复合材料优异的阻燃和抑烟效果,即含钠的 POSS 具有优异的阻燃和抑烟性能。此外,如表 1-4 所列,与纯 EP 的 LOI 值为 23.0% 相比,EP/1% Na-MOSS 和 EP/2% Na-MOSS 的 LOI 值分别增加到 23.4% 和 24.0%,明显提升了 EP 复合材料的阻燃性能。

表 1-4　EP 和 EP/Na-MOSS 复合材料锥形量热仪测试所得数据

样品	TTI/s	p-HRR/(kW・m^{-2})	p-COP/(g・s^{-1})	p-SPR/(m^2・s^{-1})	TSP/m^2	LOI/s
EP	40±2	1 074±25	0.032±0.002	0.44±0.03	36.8±0.5	23.0±0.1
EP/1% Na-MOSS	50±1	1 055±25	0.030±0.001	0.27±0.02	24.5±0.2	23.4±0.1
EP/2% Na-MOSS	47±3	920±15	0.024±0.001	0.22±0.01	23.5±0.1	24.0±0.1

一般情况下,高分子复合材料的阻燃性能和抑烟性能与燃烧过程中产生的残炭物质的结构、形貌和数量密切相关。如图 1-17 所示,燃烧后纯 EP 只残留有极少量的黑色物质,而 EP/1% Na-MOSS 和 EP/2% Na-MOSS 的残炭量肉眼可见,明显随添加量的增大而增加。此外,EP 在燃烧过程中产生大量的黑烟,这是由于其结构中含有大量的芳香环在燃烧过程发生断键和重组形成大量的稠环芳烃黑色小颗粒导致的。可以看出,将 Na-MOSS 粉末掺入 EP 中,促进了基体燃烧过程中的交联成炭,而更多的这类稠环芳烃以固相的方式残留在凝聚相中,所形成的致密炭层不易被产生的挥发性气体产物带走,从而大大减少了烟雾的产生。因此,Na-MOSS 粉末在 EP 中的添加能够有效减少燃烧过程中烟雾的产生,为火灾的救援争取更多的时间;同时,有利于减少燃烧过程中热量和 CO 气体的释放,从而减轻火灾事故的危害。

1.4.2　EP/Na-MOSS 凝聚相产物分析

为了进一步探究 EP/2% Na-MOSS 抑烟性能显著增强的内在原因,可利用 XRD、FTIR、Raman 和 XPS 对锥形量热测试后收集的残炭的化学结构进行详细表征。如图 1-18(a)所示,位于 23°和 43°的两个较宽的衍射峰都出现在 EP 和 EP/2% Na-MOSS 的残炭的 XRD 光谱中,而此处的衍射峰对应于石墨炭的特征峰。此外,EP 和 EP/2% Na-MOSS 的 XRD 光谱存在明显差异。相比于纯 EP 只出现两个较宽的衍射峰,EP/2% Na-MOSS 检测到非常多的尖而强度较高的衍射峰,并且这些衍射峰的位置与 Na-MOSS 粉末的出峰位置明显不同。因此,Na-MOSS 粉末在 EP 基体燃烧过程中可以起到催化成炭的作用,容易产生大量高结晶性的残炭。

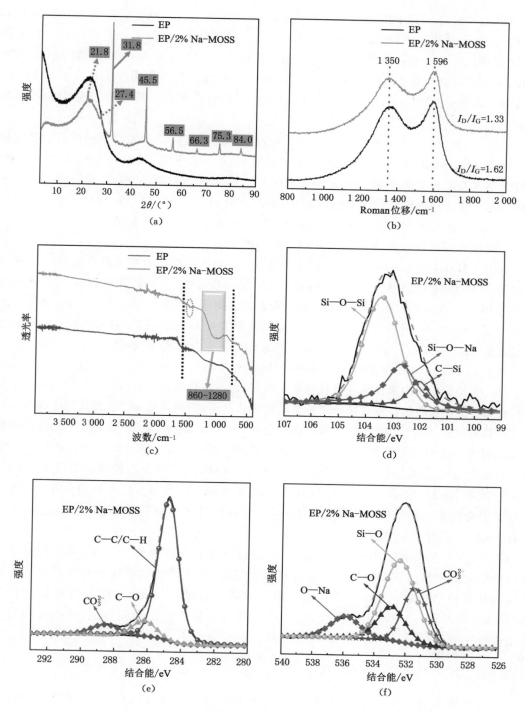

图 1-18　EP 和 EP/Na-MOSS 的 XRD 光谱、FTIR 谱和 Roman 光谱及 EP/2% Na-MOSS 残炭的高分辨率 Si 2p、C 1s 和 O 1s XPS 光谱

下面进一步采用拉曼光谱研究了 EP 和 EP/2% Na-MOSS 残炭的石墨化程度。如图 1-18(b)所示,位于 1 350 cm^{-1} 和 1 596 cm^{-1} 的两个典型特征峰分别归属于 D 波段和 G 波段。石墨化度是通过 D 波段和 G 波段的积分面积比计算的,即 I_D/I_G。特别地,较低的 I_D/I_G 值等同于较高的石墨化度。相比于纯 EP 的 1.62,EP/2% Na-MOSS 的 I_D/I_G 值为 1.33,发生了明显的降低。因此,EP/2% Na-MOSS 的残炭石墨化程度明显高于纯 EP,也就是 Na-MOSS 在 EP 中的添加有助于所制备复合材料在燃烧过程中形成更多的石墨相残炭。

如图 1-18(c)所示,分别在 1 586 cm^{-1} 和 731 cm^{-1} 处可以观察到两个强度较弱且宽度较宽的吸收峰,这归属于稠环芳烃结构的红外特征峰,进一步证实了 EP 和 EP/2% Na-MOSS 燃烧后都有石墨相炭的产生。此外,对于 EP/2% Na-MOSS 残炭的 FTIR 光谱,位于 860~1 280 cm^{-1} 处出现的峰宽较宽且强度更强的吸收峰,对应于 Si—O—Na(928 cm^{-1})、Si—O(1 078 cm^{-1})和 C—Si(1 268 cm^{-1})等特征基团的伸缩振动。特别地,在 1 456 cm^{-1} 处出现了一个强度较弱的吸收峰,归属于 Na_2CO_3 的伸缩振动。

如图 1-18(d)至图 1-18(f)所示,高分辨率 Si 2p XPS 光谱证明所得的残炭中 Si 元素主要以 Si—O—Si 笼状或者 Si—O 结构存在,其余以少量的 C—Si 结构存在。高分辨率 C 1s XPS 光谱进一步表明所得的残炭中碳元素是以稠环芳烃类石墨相存在,并含有少量的 CO_3^{2-}。高分辨率 O 1s XPS 光谱对 Si 2p XPS 光谱和 C 1s XPS 光谱的结果进行了补充,说明氧元素主要以 Si—O—Si、Si—O—Na 和 Na_2CO_3 等成分存在于残炭中。

图 1-19 给出了 EP 和 EP/Na-MOSS 的阻燃和抑烟机理示意图。一般情况下,当添加有 POSS 或其衍生物的聚合物复合材料被点燃时,正对着热辐射面的高分子复合材料的表面基材会被迅速燃烧殆尽。随着高分子复合材料流体的运动,内部的 POSS 及其衍生物会迅速移动到基材表面,并且分解产生了大量灰白色的 SiO_2 隔热炭层覆盖于表面。当然,产生的 SiO_2 也将作为微小的固体颗粒,进一步增加烟雾的扩散。基于上述分析可知,EP/Na-MOSS 燃烧后可以迅速形成黑色致密而强度高的炭层。在燃烧的初始阶段,EP 基体和亚微米大小的棒状 Na-MOSS 的热解产物相互反应。特别地,Na-MOSS 具有极强的碱性,有机高分子聚合物链裂解过程中会产生 CO_2,因而燃烧后会产生少量的 Na_2CO_3。此外,由于具有 Na_2CO_3 催化炭化作用,加速了稠环芳烃的交联炭化,最终产生了具有 Si—O—Si、Si—O—Na、C—Si 和稠环芳烃结构的黑色高度石墨化和高结晶性的残炭,而这种高度有序的热稳定致密炭层有助于抑制烟雾的扩散。同时,产生的高质量残炭有效抑制了未燃基体与外界的热传递,也减少了有毒气体挥发物的排放。因此,亚微米级棒状结构的 Na-MOSS 可以充当 EP 有效的抑烟剂,还可以获得优异的催化炭化作用,从而提高其防火安全性。

1.4.3 EP/Na-MOSS 力学性能分析

助剂的掺入对高分子复合材料的力学性能产生明显的影响。采用 DMA 测试表征了 EP、EP/1% Na-MOSS 和 EP/2% Na-MOSS 的动态力学性能。图 1-20(a)给出了 EP、EP/1% Na-MOSS 和 EP/2% Na-MOSS 的 DMA 曲线,其中 EP/1% Na-MOSS 和 EP/2% Na-MOSS 的玻璃化转变温度(T_g=tan δ 曲线中峰值处所对应的温度)分别从 EP

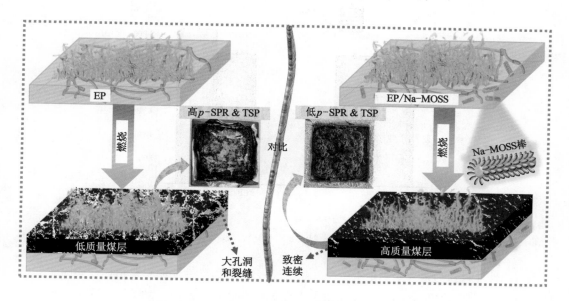

图 1-19　EP 和 EP/Na-MOSS 的阻燃和抑烟机理

的 183.8 ℃急剧提升到 192.1℃和 194.7 ℃。同时，与 EP 相比，EP/1% Na-MOSS 和
EP/2% Na-MOSS 的储能模量明显得到了提高。EP 中添加 Na-MOSS 后形成的 EP/Na-MOSS
复合材料使玻璃化转变温度和储能模量得到升高，这是由于 Na-MOSS 的较大刚度以及
Na-MOSS 亚微米棒与 EP 分子链之间的界面相互作用而导致的。

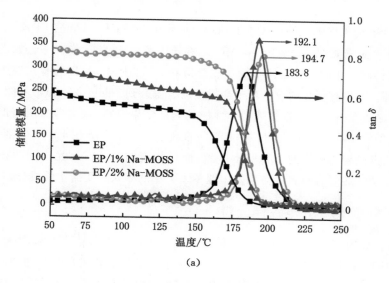

(a)

图 1-20　EP、EP/1% Na-MOSS 和 EP/2% Na-MOSS 的 DMA 曲线以及
EP 和 EP/2% Na-MOSS 的弯曲强度和弯曲模量

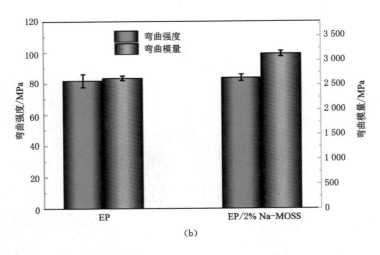

图 1-20 （续）

弯曲性能可作为进一步确定 EP/Na-MOSS 复合材料力学性能的重要指标。如图 1-20(b) 所示，EP/2% Na-MOSS 的弯曲强度由 EP 的 81.8 MPa 略微提高到 83.7 MPa。此外，与储能模量变化趋势相似，EP/2% Na-MOSS 的弯曲模量由 EP 的 2 643.9 MPa 提高到 3 140.8 MPa。因此，EP/2% Na-MOSS 的弯曲强度和弯曲模量的增强与 Na-MOSS 在 EP 中的分散性形貌密切相关。基于以上数据分析，在加入 Na-MOSS 后，EP/2% Na-MOSS 的力学性能并没有减弱，甚至得到了增强。

1.4.4　分散状态分析

将 Na-MOSS 粉末以助剂的形式添加到环氧树脂中，采用 TEM 观察 EP/2% Na-MOSS 复合材料超薄切片的微观形貌，确定 Na-MOSS 在 EP 基材中的分散状态。如图 1-21 所示，Na-MOSS 粉末仍然以亚微米大小棒状的形貌分散在 EP 基材中，并且没有出现明显的大规模团聚现象。然而，其中有少数的亚微米棒会拼接或者重叠到一起[图 1-21(a)和图 1-21(b)]，也会有轻微的团聚状态出现。依据上述力学性能的表征结果分析，这类轻微团聚形貌的产生并不会减弱 EP/2% Na-MOSS 复合材料的弯曲性能。同时，分散在 EP 中的亚微米大小的 Na-MOSS 棒的直径与乙醇中的直径非常一致，而且相应的 Si 和 Na 元素的面扫图进一步证明：EP/2% Na-MOSS 复合材料超薄切片中亚微米大小的棒状物质的主要成分是 Na-MOSS。

1.4.5　EP/Na-MOSS 介电性能分析

由于本章合成的 Na-MOSS 粉末是一种盐，且 Na-MOSS 粉末易溶于水，因此将 Na-MOSS 粉末掺入 EP 所形成的 EP/Na-MOSS 复合材料进行了介电常数和介电损耗的测定。图 1-22 给出了 EP 和 EP/Na-MOSS 复合材料的介电常数和介电损耗曲线。可以看出，在 EP 中引入 Na-MOSS 粉末后，EP/1% Na-MOSS 和 EP/2% Na-MOSS 复合材料的介电常数值与纯 EP 相比均有明显的降低，介电损耗值也有一定程度的降低。同时，EP/Na-MOSS 复合材料的介电常数和介电损耗值都随着 Na-MOSS 添加量的增加而呈现逐渐降低的趋势，而高分子复合材

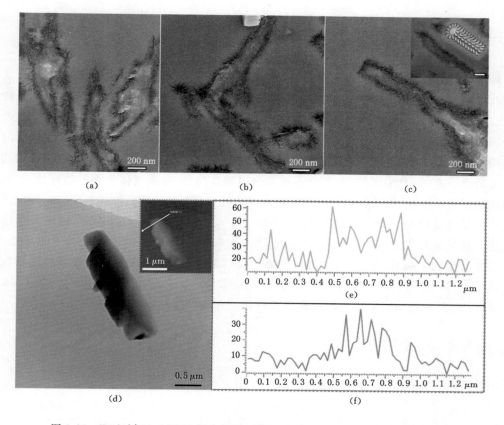

图 1-21　EP/2% Na-MOSS 复合材料超薄切片的 TEM 图像和 EDX 线扫描分析

料的介电性能与所添加填料的分散性、极性和反应活性密切相关。EP/Na-MOSS 复合材料的介电常数和介电损耗值降低的原因如下：首先，Na-MOSS 粉末在 EP 基体中分散状态良好，而且其结构中具有大量的 Si—O—Si 和—CH₃ 等弱极性结构；其次，Na-MOSS 中大量的 Si—OH 基团与环氧树脂中的环氧基团发生化学反应，导致环氧官能团产生的界面极化效应大幅降低。因此，虽然 Na-MOSS 易溶于水，但是 Na-MOSS 粉末的加入显著地改善了 EP 的介电性能。

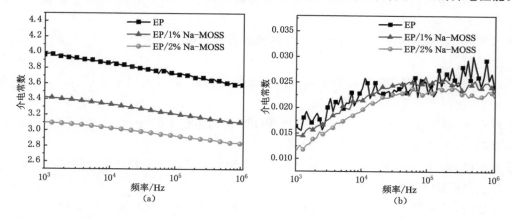

图 1-22　EP、EP/1% Na-MOSS 和 EP/2% Na-MOSS 复合材料的介电常数和介电损耗曲线

1.5 本章小结

综上所述,在 NaOH 和 H$_2$O 存在下,通过 MTMS 的水解缩合制备了一系列大环状的 Na-MOSS,而合成的 Na-MOSS 被充分证实具有由 Si—O—Si 组成的精确大环结构。特别是 SEM 和 BET 结果表明,Na-MOSS 粉末晶体呈多孔亚微米棒状形貌。这是首次基于含碱金属大环低聚硅倍半氧烷的晶体形貌观察的研究,并且各种溶剂对 Na-MOSS 形成的棒状结构形貌有显著的影响。在氮气气氛下,随着温度(从 550 ℃)的升高,Na-MOSS 的残余质量逐渐增加。在 EP 中添加 Na-MOSS 粉末可以减少热量、有毒气体和烟雾的释放,尤其能够抑制烟雾的产生,从而降低了所得 EP/Na-MOSS 复合材料的火灾危险性。EP/Na-MOSS 抑烟性能的显著提高与复合材料燃烧过程中 Si—O—Si、Si—O—Na、C—Si 和稠环芳烃结构的高度石墨化炭层的生成密切相关。此外,DMA 和弯曲强度的测试表明,EP/Na-MOSS 的力学性能得到了明显改善。力学性能的显著提高是由于 Na-MOSS 的亚微米棒结构所具有的高刚度以及 Na-MOSS 与 EP 分子链之间良好的界面相互作用导致的。同时,Na-MOSS 的添加能够明显提升所制备复合材料的介电性能。

本章参考文献

[1] KUO P Y,SAIN M,YAN N. Synthesis and characterization of an extractive-based bio-epoxy resin from beetle infested Pinus contorta bark[J]. Green chemistry,2014, 16(7):3483-3493.

[2] XU Y J,CHEN L,RAO W H,et al. Latent curing epoxy system with excellent thermal stability,flame retardance and dielectric property[J]. Chemical engineering journal, 2018,347:223-232.

[3] WU X H,ZHENG S L,BELLIDO-AGUILAR D A,et al. Transparent icephobic coatings using bio-based epoxy resin[J]. Materials & design,2018,140:516-523.

[4] 李胜楠. 笼网结构含磷 POSS 反应型阻燃剂在环氧树脂中的应用[D]. 保定:河北大学,2019.

[5] 韩旭,张晓华,张松利,等. 含磷氮 POSS 改性乙烯基树脂的阻燃性和热性能研究[J]. 化学通报,2021,84(10):1066-1073.

[6] 周瑞瑞. 含钛杂化 POSS 基元的两嵌段共聚物的合成、表征及阻燃应用[D]. 厦门:厦门大学,2021.

[7] 马晓涛,周筱雅,方铖,等. 磷系阻燃剂/POSS 协同阻燃 PET 的研究进展[J]. 绍兴文理学院学报(自然科学),2020,40(2):84-90.

[8] 罗程晨,张驰,马晓燕,等. 反应型 POSS 杂化纳米材料合成及其对聚合物的改性研究进展[J]. 高分子通报,2019(10):21-32.

[9] 秦建雨,张文超,王小霞,等. 含磷笼型低聚硅倍半氧烷合成及其在环氧树脂中的应用[C]//中国化工学会. 第九届全国火安全材料学术会议论文集. 哈尔滨:东北林业大学,

2018:126-128.

［10］刘磊春,张文超,杨荣杰.EP/环氧基苯基多面体低聚硅倍半氧烷复合物的制备及其性能［J］.合成树脂及塑料,2021,38(1):6-13.

［11］金晶,安秋凤,杨博文,等.环氧基 POSS 改性环氧树脂的研制与性能研究［J］.化工学报,2020,71(5):2432-2439.

［12］杨胜,陈珂龙,王智勇,等.笼型倍半硅氧烷(POSS)的官能化、杂化以及在改性环氧树脂中应用研究进展［J］.航空材料学报,2019,39(3):10-24.

［13］WU Y,WANG D X,LI L G,et al. Hybrid porous polymers constructed from octavinylsilsesquioxane and benzene via Friedel-Crafts reaction:tunable porosity,gas sorption,and postfunctionalization［J］. Journal of materials chemistry A,2014,2(7):2160-2167.

［14］CHEN D Z,SUN W,QIAN C X,et al. Porous NIR photoluminescent silicon nanocrystals-POSS composites［J］. Advanced functional materials,2016,26(28):5102-5110.

［15］LIU Z,HUANG Y P,ZHANG X L,et al. Fabrication of cyclic brush copolymers with heterogeneous amphiphilic polymer brushes for controlled drug release［J］. Macromolecules,2018,51(19):7672-7679.

［16］HAN J,ZHENG S X. Highly porous polysilsesquioxane networks via hydrosilylative polymerization of macrocyclic oligomeric silsesquioxanes［J］. Macromolecules,2008,41(13):4561-4564.

［17］HAN J,ZHU L L,ZHENG S X. Synthesis and characterization of organic-inorganic macrocyclic molecular brushes with poly(ε-caprolactone) side chains［J］. European polymer journal,2012,48(4):730-742.

［18］WHITE B M,WATSON W P,BARTHELME E E,et al. Synthesis and efficient purification of cyclic poly(dimethylsiloxane)［J］. Macromolecules,2002,35(14):5345-5348.

第 2 章 七苯基硅倍半氧烷锂盐
阻燃环氧树脂

2.1 引言

由于 EP 具有机械性能好、耐化学腐蚀性、制备成本低和黏附力强等优点,因而广泛被用于航空、船舶和铁路运输等领域[1-3]。然而,EP 是一种极易燃的高分子聚合物且燃烧过程中会产生大量的烟雾,这样的缺点严重限制了其在高性能材料方面的应用[4-6]。因此,迫切需要制备具有抑烟和高效阻燃性能的 EP 复合材料[7-10]。

通过向 EP 基材中添加卤系阻燃剂可以实现对 EP 的高效阻燃[11-12]。但是,含卤阻燃剂对环境是有害的,已经逐渐被禁止使用。此外,有机含磷的阻燃剂[13-14]是在 EP 中使用最广泛的阻燃剂。它们尽管具有很高的阻燃效率,但通常不具有抑烟功能,甚至可能会提高烟雾密度或释放出腐蚀性气体。因为含磷化合物主要在气相阻燃上发挥作用[15-16],所以大量的研究主要集中在向 EP 中同时添加阻燃剂和抑烟剂,以达到同时提高阻燃和抑烟性能的目标。传统的抑烟剂通常为金属氧化物和含金属的盐类,如三氧化钼、八钼酸铵、硼酸锌、氧化铁和氧化铜[17-18]。但是,这类抑烟剂在使用时通常需要较大的添加量,且与 EP 基体的相容性较差,必然会严重恶化所形成的 EP 复合材料的机械性能。此外,其对 EP 复合材料阻燃性能的改善也很有限。

随着纳米复合材料制备技术的发展,越来越多的纳米级添加剂被用于提高聚合物材料的机械性能、热稳定性和阻燃性能,如零维的纳米颗粒[19]、一维的碳纳米管[20-22]、二维纳米片[23-25]和三维的金属有机框架[26-27]。此外,由于分子结构可设计和功能多样性,POSS 已逐渐成为零维纳米颗粒阻燃剂的代表之一,被用于增强各种高分子复合材料的阻燃性能[19]。POSS 不仅具有定义明确的化学结构,而且可以将其分子中的有机 R 基团设计为反应性或者非反应性,还可以通过化学反应并根据需要的性能在 POSS 分子结构中掺入具有特殊功能的杂原子,如氮、硫、磷、铝、锌、钒或钛[28]。本课题组前期合成了一系列含磷 POSS,并应用于阻燃 EP,获得了较好的阻燃效果[4]。Fina 等[29]通过"顶角-盖帽"反应制备了多种含金属的硅倍半氧烷,并将其应用于阻燃聚丙烯。研究发现,结合了金属元素的硅倍半氧烷能够促进基体材料在燃烧过程中的催化成炭,但复合材料的阻燃性能并没有得到很大的提升。

首先,通过简单的"一锅法"合成了七苯基硅倍半氧烷锂盐(Li-Ph-POSS),并且所采用的原料价格相对低廉,所得产物的产率较高。其次,采用 FTIR、NMR、MALDI-TOF MS、XRD 和 TG 对产物的化学结构和热稳定性进行详细表征,将制备的 Li-Ph-POSS 作为 EP 的阻燃添加剂,通过简单的机械搅拌,Li-Ph-POSS 在 EP 基材中达到了纳米级球形颗粒分散。最后,采用极限氧指数测试、烟密度测试和锥形量热测试,详细探究所形成的 EP/Li-Ph-POSS 纳米复合材料阻燃和抑烟性能,从而揭示碱金属锂元素在 EP/Li-Ph-POSS 纳米复合材料燃烧过程中的催化成炭机理。

2.2　实验部分

2.2.1　实验原料

本章涉及的原料见表 2-1。

表 2-1　主要实验原料

名称	生产厂家	规格
丙酮	北京化学试剂公司	分析纯
甲醇	北京通广精细化工公司	分析纯
一水合水氢氧化锂(LiOH·H$_2$O)	北京通广精细化工公司	分析纯
苯基三乙氧基硅烷(PTES)	荆州市江汉精细化工有限公司	>99%
去离子水	北京化学试剂公司	分析纯
环氧树脂(DGEBA,E-44)	肥城德源化工有限公司	分析纯
氨基砜(DDS)	天津光复精细化工研究所	>98%

2.2.2　测试仪器和方法

红外光谱仪(FTIR):6700 型傅里叶红外光谱仪,美国 Nicolet 公司生产,选用 16 次的扫描次数,4 cm^{-1} 的分辨率,扫描波数范围为 400～4 000 cm^{-1}。

核磁共振仪(NMR):瑞士 Bruker 公司生产的 Avance 600 NMR(600 MHz)波谱仪,^{1}H NMR,^{13}C NMR 和 ^{29}Si NMR 的所用溶剂为 CDCl$_3$,^{1}H NMR 以四甲基硅氧烷为内标物,^{13}C NMR 和 ^{29}Si NMR 没有内标物。

基质辅助激光解吸电离飞行时间质谱仪(MALDI-TOF MS):瑞士 Bruker 公司制造,Biflex Ⅲ 型质谱仪。检测模式为正离子模式,所得到的质谱图为 50 次激光扫描的累加图。为了促进分子离子的形成,该测试采用 α-氰基-4-羟基肉桂酸基质(CHCA)并加入氯化钠和氯化钾混合盐。

X 射线衍射仪(XRD):日本理光 Rigaku 公司生产的 D/MAX 2500,Cu Kα 射线源,λ=1.540 78 Å。测试范围 2°～90°,扫描速度为 6°/min。

热失重(TG)分析:德国 NETZSCH 公司 209F1 型热重分析仪,升温速率为 10 ℃/min,温度范围为 40～800 ℃,测试样品的质量为 2～3 mg,测试中保护气(高纯氮)的气体流速为 20 mL/min,吹扫气的流速为 50 mL/min,其中吹扫气可选择氮气或空气。

复合材料淬断面扫描电子显微镜(SEM)和透射电子显微镜(TEM)分析:日立 S-4800

扫描电子显微镜(SEM)和透射电子显微镜(FEI Tecnai G2 F30)观察 Li-Ph-POSS 在 EP 复合材料中分散状态。通过能量色散 X 射线光谱法(EDXS EX-350)验证冷冻淬断裂表面上的 Si 元素的分布。

极限氧指数(LOI)测试:根据 GB/T2406-93 标准,采用英国 RS 公司 FTA II 型极限氧指数仪进行测试,试样尺寸为 100 mm×6.5 mm×3 mm,每组样品有 15 个样条。

锥形量热(Cone)测试:根据 ISO5660-1 标准,采用英国 FTT 的锥形量热仪进行测试分析。辐照功率为 50 kW/m²。样品尺寸 100 mm×100 mm×3 mm,测试过程样品水平放置。书中的 Cone 数据均为三次测量的平均值,且三次测量数据的误差范围为±10%。

烟密度测试:NBS 烟气密度测试仪[Motis Fire Technology(China)Co.,Ltd.],根据 ISO 5659-2 国际标准,样品尺寸为 75 mm×75 mm×1 mm,辐照功率为50 kW/m²,采用无焰模式。

X 射线光电子能谱分析(XPS):日本 Ulvac-PHI 公司 Quantera II 型(Ulvac-PHI)X 射线光电子能谱仪,测试结果是在 250 W(12.5 kV,20 mA)和高于 10⁻⁶ Pa(10⁻⁸ Pa)的真空下获得的,XPS 的特征结果误差值在±3%。

热重-红外联用(TG-FTIR)测试:德国 NETZSCH 公司 209F1 型热重分析仪与傅里叶变换红外光谱仪(TGA-FTIR,Nicolet 6700)配套使用,测量是在空气中以 20 ℃/min 的升温速率从 40～800 ℃进行的。每次测试的样品质量为 6～10 mg,测试中保护气(高纯氮)的气体流速为 20 mL/min,吹扫气(空气)的流速为 60 mL/min。

2.2.3 Li-Ph-POSS 的合成

向 2 L 干燥的三颈烧瓶中加入 800 mL 丙酮和 100 mL 甲醇的混合溶液,加装冷凝回流装置,然后将 15 g LiOH·H₂O 和 10 mL 的去离子水依次加入混合溶液,此时溶液呈现白色浑浊液状态(LiOH·H₂O 不溶于混合溶液),升温至回流温度,将 251.6 g 苯基三乙氧基硅烷加入混合溶液中(在加入的过程中,溶液逐渐变成白色浆液;在加完 10～15 min 后,白色浆液逐渐有白色沉淀出现),在磁力搅拌下继续反应 18 h,过滤除去溶剂,得到白色固体产物。对此时得到的白色固体进行如下两种方式的处理:

(1) 将白色固体产物在 80 ℃鼓风烘干箱中干燥 24 h,得到含有丙酮分子配体的白色粉末状产物的质量为 146.2 g(产率为 98.2%),命名为:七苯基硅倍半氧烷锂盐-丙酮配体(Li-Ph-POSS-丙酮)。

(2) 将白色固体产物置于一个 5 L 的烧杯中,加入 3.5 L 去离子水,选择合适的搅拌速率搅拌 3～5 h。此时,白色固体产物并不溶于水,然后过滤除去溶液,将得到的产物在 80 ℃鼓风烘干箱中干燥 24 h,得到白色粉末状产物的质量为 136.8 g(产率为 97.6%),命名为:七苯基硅倍半氧烷锂盐(Li-Ph-POSS)。

具体的合成路线如图 2-1 所示。

2.2.4 环氧树脂纳米复合材料的制备

EP 及 EP/Li-Ph-POSS 纳米复合材料的制备方法如下:首先,将 DGEBA(E-44)添加到三口烧瓶中,在 140 ℃的温度下缓慢机械搅拌,预热 30 min 后,添加 Li-Ph-POSS 并加快搅

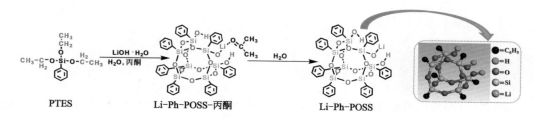

图 2-1　Li-Ph-POSS 的合成路线及三维结构式

拌速率以使其充分溶解,直到混合液呈现透明(图 2-2)。其次,将 DDS 加入所得到的混合液中继续搅拌 25 min,直到溶液变成透明。最后,将所得液体快速倒入预热(180 ℃)好的聚四氟乙烯模具中,样品在 180 ℃下固化 4 h。纯 EP 制备方法类似,省去了加 Li-Ph-POSS 的步骤。EP 及 EP/Li-Ph-POSS 纳米复合材料的溶解和固化过程如图 2-2 所示;EP 及 EP/Li-Ph-POSS 纳米复合材料中的组分列于表 2-2 中。

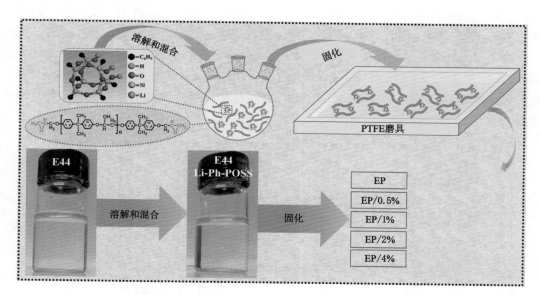

图 2-2　EP 及 EP/Li-Ph-POSS 纳米复合材料的溶解和固化过程

表 2-2　EP 及 EP/Li-Ph-POSS 纳米复合材料中各组分的质量

样品	各组分的质量/g		
	E-44	DDS	Li-Ph-POSS
EP	162	36	0
EP/0.5% Li-Ph-POSS	162	36	1
EP/1% Li-Ph-POSS	162	36	2
EP/2% Li-Ph-POSS	162	36	4
EP/4% Li-Ph-POSS	162	36	8

2.3 Li-Ph-POSS 化学结构和性能表征

2.3.1 Li-Ph-POSS 的 FTIR 分析

图 2-3 分别给出了原料 PTES、LiOH·H$_2$O 和两种产物 Li-Ph-POSS-丙酮、Li-Ph-POSS 的 FTIR 谱。原料 PTES 的 FTIR 谱中 959 cm^{-1}、1 391 cm^{-1} 和 2 888 cm^{-1} 处的吸收峰归属于—O—CH$_2$—CH$_3$ 特征峰,在产物 Li-Ph-POSS-丙酮 和 Li-Ph-POSS 的 FTIR 谱中完全消失,这意味着 PTES 在 LiOH·H$_2$O 存在下发生了水解缩合反应。相比于 PTES 的 FTIR 谱中 1 071 cm^{-1}(Si—O)处尖峰,在产物 Li-Ph-POSS-丙酮 和 Li-Ph-POSS 的 FTIR 谱中 980~1 100 cm^{-1} 出现了 4 处较强的吸收峰,分别为 997 cm^{-1}、1 011 cm^{-1}、1 029 cm^{-1} 和 1 061 cm^{-1}。结合 LiOH·H$_2$O 在 996 cm^{-1} 处出现的 O—Li 键的特征峰可知,997 cm^{-1} 处的特征峰归属为 Si—O—Li 的伸缩振动峰,而 1 061 cm^{-1} 处归属为 Si—O—Si 的特征吸收峰。此外,Li-Ph-POSS-丙酮和 Li-Ph-POSS 的 FTIR 谱在 3 562 cm^{-1} 和 3 659 cm^{-1} 出现了两个强度较小的吸收峰,且经过水洗后该处吸收峰强度明显增大。由 LiOH·H$_2$O 在 3 567 cm^{-1} 处水中的 OH 的吸收峰可知,这两处为 OH 的特征峰。此外,Li-Ph-POSS-丙酮和 Li-Ph-POSS 的 FTIR 谱唯一的不同是:在 1 725 cm^{-1} 处出现了 C═O 的特征吸收峰,且两者都保留了 2 969~3 100 cm^{-1} 处的多重峰,此处归属为侧链苯环中 C—H 的伸缩振动峰。

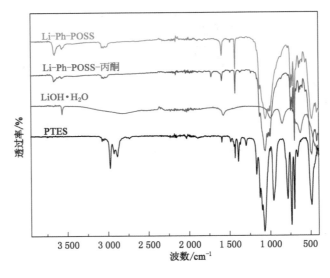

图 2-3　PTES、LiOH·H$_2$O、Li-Ph-POSS-丙酮和 Li-Ph-POSS 的 FTIR 谱

2.3.2 Li-Ph-POSS 的 NMR 分析

图 2-4 给出了 PTES、Li-Ph-POSS-丙酮和 Li-Ph-POSS 的 ^{1}H NMR 谱。可以看出,PTES 的 ^{1}H NMR 谱在 1.25×10^{-6} 和 3.83×10^{-6} 处出现—O—CH$_2$—CH$_3$ 中甲基和亚甲

基的氢质子共振峰,在 Li-Ph-POSS-丙酮和 Li-Ph-POSS 的 ^{1}H NMR 谱中完全消失,再次证明了 PTES 的水解缩合反应是彻底的。此外,化学位移在 $(7.10 \sim 7.80) \times 10^{-6}$ 的多重峰归属于侧链苯环上的氢质子共振峰[氘代氯仿上氢质子的共振峰在 $(7.10 \sim 7.30) \times 10^{-6}$]。此处的共振峰变得多而复杂,因为反应得到了部分缩合的笼形结构,所以侧链苯环的化学环境变得更加复杂。Li-Ph-POSS-丙酮的 ^{1}H NMR 谱中化学位移在 1.66×10^{-6} 处归属于丙酮配体分子中—CH$_3$ 的氢质子共振峰。在 Li-Ph-POSS 的 ^{1}H NMR 谱中 2.22×10^{-6} 处出现了一个小的鼓包峰,此归属于 H$_2$O 中氢质子的共振峰,这是由于 Li-Ph-POSS 是通过水洗 Li-Ph-POSS-丙酮而得到的,在产物中会残留少量的 H$_2$O。

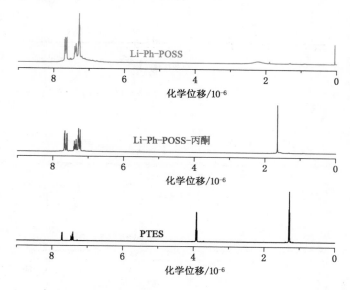

图 2-4 PTES、Li-Ph-POSS-丙酮和 Li-Ph-POSS 的 ^{1}H NMR 谱

由图 2-5 可看出,PTES 的 ^{13}C NMR 谱中化学位移在 18.30×10^{-6} 和 59.06×10^{-6} 处出现的—O—CH$_2$—CH$_3$ 中甲基和亚甲基的碳原子共振峰,在 Li-Ph-POSS-丙酮和 Li-Ph-POSS 的 ^{13}C NMR 谱中完全消失,同样证明了 PTES 中活性基团—O—CH$_2$—CH$_3$ 的完全水解。Li-Ph-POSS-丙酮和 Li-Ph-POSS 的 ^{13}C NMR 谱中化学位移在 $(127.37 \sim 136.67) \times 10^{-6}$ 内的多重峰归属为侧链苯环上碳原子的共振峰,两者相较于 PTES 都变得更加复杂,这是由于形成部分缩聚笼形结构所导致的。此外,不同于 Li-Ph-POSS,Li-Ph-POSS-丙酮的 ^{13}C NMR 谱在化学位移为 30.63×10^{-6} 和 210.27×10^{-6} 处出现了—CH$_3$ 和 C=O 的上碳原子共振峰。结合 FTIR 和 ^{1}H NMR 测试结果可知,丙酮分子配体在 Li-Ph-POSS-丙酮结构中的稳定存在。

图 2-6 给出了 PTES、Li-Ph-POSS-丙酮和 Li-Ph-POSS 的 ^{29}Si NMR 谱。可以看出,不同于 PTES 的单个硅原子共振峰,Li-Ph-POSS-丙酮和 Li-Ph-POSS 都出现了 3 个硅原子共振峰。3 个共振峰的化学位移分别位于 -77.75×10^{-6}、-77.47×10^{-6} 和 -69.62×10^{-6},且三者积分面积比分别为 2:1:4,分别与 OH 相连的硅原子、与锂原子相连的硅原子和剩余的 4 个硅原子对应。因此,^{29}Si NMR 测试的结果证明了不完全缩聚笼状 POSS 结构的生成。

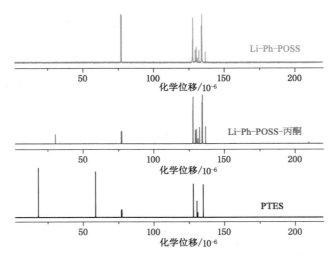

图 2-5　PTES、Li-Ph-POSS-丙酮和 Li-Ph-POSS 的 ^{13}C NMR 谱

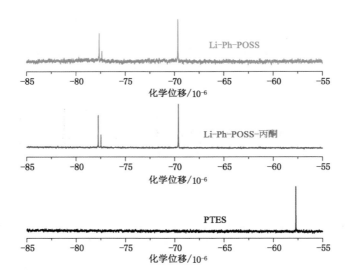

图 2-6　PTES、Li-Ph-POSS-丙酮和 Li-Ph-POSS 的 ^{29}Si NMR 谱

2.3.3　Li-Ph-POSS 的 MALDI-TOF MS 分析

这里未做产物 Li-Ph-POSS-丙酮的 MALDI-TOF MS 测试,因为在 MALDI-TOF MS 测试中,低分子量区的测试会被采用的有机小分子基质形成严重的背景干扰,很难精确检测到小分子量的丙酮分子配体。Li-Ph-POSS 的 MALDI-TOF MS 谱如图 2-7 所示。图中只出现了一个分子离子峰,且 m/z 的大小为 937.1。通过计算可知,Li-Ph-POSS(化学结构式见图 2-1)的相对分子质量约为 936,而 MALDI-TOF MS 测试时,为了促进分子形成,基质中会引入钠盐或钾盐,因而会有[M+H]$^+$、[M+Na]$^+$ 或[M+K]$^+$的产生。所以 m/z 的实验值为 937.1 应为相对分子质量为 936 的 Li-Ph-POSS 加氢离子所得。质谱测试的结果进一步证明了不完全缩聚笼状 POSS 结构的产生。

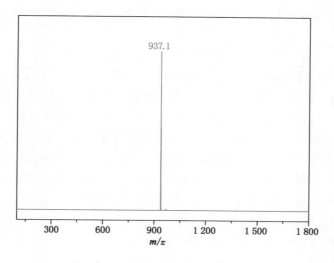

图 2-7　Li-Ph-POSS 的 MALDI-TOF MS 谱

2.3.4　Li-Ph-POSS 的 XRD 分析

图 2-8 为 Li-Ph-POSS-丙酮和 Li-Ph-POSS 的 XRD 光谱。可以看出，两者的 XRD 谱都在 $2\theta = 7.1°$、$8.1°$、$9.4°$、$12.3°$、$14.2°$、$17.5°$、$18.8°$ 和 $23.7°$ 等处出现了强度较大的尖峰，说明所得到的 Li-Ph-POSS-丙酮和 Li-Ph-POSS 结晶性好且具有较高的结晶度。但是，两者的 XRD 谱在某些位置（如 $2\theta = 17.5°$ 和 $18.8°$）的峰宽和峰强有所不同。另外，在 $2\theta = 17.5° \sim 27.8°$，两者的峰形也有所区别，表明水洗会对晶体结构产生一定的影响。

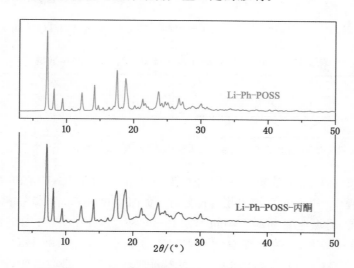

图 2-8　Li-Ph-POSS-丙酮和 Li-Ph-POSS 的 XRD 光谱

综上所述，FTIR、NMR、MALDI-TOF MS 充分验证了在 LiOH·H_2O 的存在下，PTES 发生水解反应后先生成了含有丙酮分子配体的 Li-Ph-POSS-丙酮，经过水洗后形成了 Li-Ph-POSS，并证明了 Li-Ph-POSS 的化学结构为部分缩聚的笼状结构。XRD 测试结果表明,水洗能够除去分子结构中的丙酮分子配体,但会对产物的晶体结构造成一定的影响。

2.3.5 Li-Ph-POSS 的热稳定性分析

热稳定性是评价新产品的重要参数,通常用热重(TG)分析。Li-Ph-POSS-丙酮在氮气氛和空气氛下的 TG 和 DTG 曲线如图 2-9 所示,相应的具体热分解温度的参数列于表 2-3。可以看出,无论是在氮气氛下还是在空气氛下,Li-Ph-POSS-丙酮热分解路径并没有表现出较大的差别。初始分解温度都高达 380 ℃ 以上,满足多数聚合物的加工温度。但是,在 250 ℃ 以下会有部分的质量损失,这可能与丙酮分子配体发生的分解密切相关,具体原因会在后文的 TG-FTIR 测试中进行解释。此外,Li-Ph-POSS-丙酮的热分解呈现了多个阶段,其中在 400～600 ℃ 分解最快,质量损失最多,这部分的分解主要是 Si—O—Si 笼状结构和侧链苯环的裂解和重组[30]。最终,800 ℃ 残炭量在空气氛和氮气氛下分别达到 48.0% 和 52.0%,表明 Li-Ph-POSS-丙酮具有较高的热稳定性。

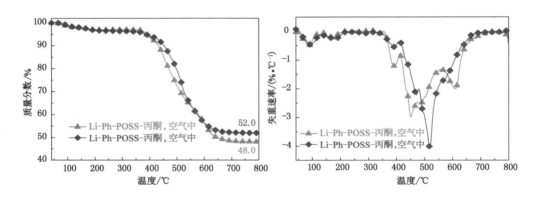

图 2-9 Li-Ph-POSS-丙酮在氮气氛和空气氛下的 TG 和 DTG 曲线

表 2-3 Li-Ph-POSS-丙酮在氮气氛和空气氛下的 TG 数据

气氛	T_{oneset}/℃	T_{max1}/℃	T_{max2}/℃	T_{max3}/℃	T_{max4}/℃	800 ℃时残炭量/%
氮气	387	88	392	471	518	52.0
空气	389	87	394	451	610	48.0

注:T_{oneset} 表示质量损失为 5% 时的温度;T_{max} 表示最大质量损失速率处的温度。

为了确定在 250 ℃ 之前质量损失的原因,我们采用 TG-FTIR 对 Li-Ph-POSS-丙酮在空气氛下热分解过程中产生的气体挥发物进行分析。如图 2-10 所示,在 15 min(即 340 ℃)之前(初始温度为 40 ℃,升温速率为 20 ℃/min),Li-Ph-POSS-丙酮的 TG-FTIR 三维图中出现了 3 个小的凸起,且在 160 ℃ 下热解挥发物的 FTIR 谱中分别在 1 739 cm^{-1}、1 370 cm^{-1} 和 1 212 cm^{-1} 处出现了 C═O、C—H 和 C—O 的特征吸收峰[31]。研究表明,产物在 250 ℃ 之前的质量损失是因为产生了含有 C═O、C—H 和 C—O 官能团的气体挥发物所致,而丙酮分子中只含有 —CH₃ 和 C═O 的官能团,热分解后只会产生含 C═O/C—O 和 C—H 官能团的挥发物,进一步证实丙酮分子配体在 Li-Ph-POSS-丙酮分子结构中的稳定存在。

如图 2-11 给出了 Li-Ph-POSS 在氮气氛下的 TG 和 DTG 曲线。与图 2-9 相比,

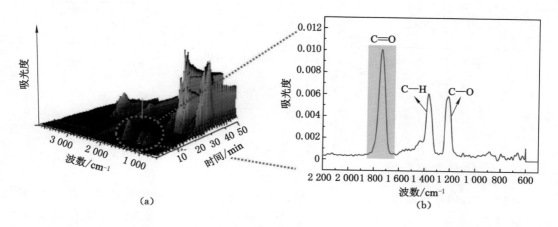

(a)

(b)

图 2-10　Li-Ph-POSS-丙酮在空气氛下的 TG-FTIR 三维图和
在下 160 ℃的热解挥发物的 FTIR 谱

Li-Ph-POSS 在 300 ℃以下的质量损失明显小于 Li-Ph-POSS-丙酮,但在 110 ℃处仍有小于 0.5%的质量损失,可能是因为用水对 Li-Ph-POSS-丙酮处理后,微量的结晶水的残留所致。此外,相比于 Li-Ph-POSS-丙酮,Li-Ph-POSS 的初始分解温度(436 ℃)明显提升。主要分解的阶段与 Li-Ph-POSS-丙酮类似,仍为 400~600 ℃,说明两者的主体结构相同,与 FTIR、NMR 和 XRD 的测试结果一致。此外,Li-Ph-POSS 在 800 ℃时残炭量为55.1%,明显高于 Li-Ph-POSS-丙酮的 52.0%。研究表明,通过对 Li-Ph-POSS-丙酮进行简单的水洗操作,能够在不破坏主体分子结构的同时将丙酮分子配体除去,且提高最终产物的热稳定性。

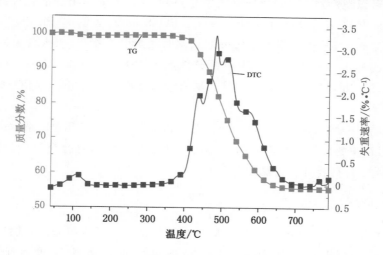

图 2-11　Li-Ph-POSS 在氮气氛下的 TG 和 DTG 曲线

表 2-4　Li-Ph-POSS 在氮气氛下的 TG 分析数据

样品	T_{onset}/℃	T_{max1}/℃	T_{max2}/℃	T_{max3}/℃	$T_{max}4$/℃	$T_{max}5$/℃	800 ℃时残炭量/%
Li-Ph-POSS	436	110	437	485	509	570	55.1

注:T_{onset}表示质量损失为 5% 时的温度;T_{max}表示最大质量损失速率处的温度。

2.4　EP/Li-Ph-POSS 纳米复合材料的性能

2.4.1　填料分散状态分析

众所周知,填料在聚合物基体中的分散状态对所形成的复合材料的性能有着巨大的影响。由图 2-2 可知,在 DGEBA 中溶解了 Li-Ph-POSS 后,溶液仍然保持透明状态,而加入固化剂 DDS 后,在 180 ℃固化 4 h 后形成的样品透明性变化不大。然而,随着 Li-Ph-POSS 添加量的增大,样品的颜色逐渐加深,向着黄色和红色的趋势改变。这种不改变所得复合材料透明性的优势明显强于以碳纳米材料作为填料的纳米复合材料。为了进一步观察 Li-Ph-POSS 在 EP 纳米复合材料中的分散状态,SEM 和 TEM 被分别用来观察 EP/4% Li-Ph-POSS 纳米复合材料的冷冻淬断面和超薄切片以观察 Li-Ph-POSS 在 EP 基体中的微观分散状态。如图 2-12(a)所示,尽管 SEM 测试的放大倍数已达到 50 000 倍,并且标尺已缩小至 500 nm,但 Li-Ph-POSS 颗粒仍然不可以清晰地看到。如图 2-12(b)所示,在 SEM 相应的 Si 元素面扫图中可以看到硅元素的均匀分布,表明 POSS 颗粒是以更小的尺寸分散在 EP 基体中。因此,对 EP/4% Li-Ph-POSS 纳米复合材料做了超薄切片。如图 2-12(c)所示,在 TEM 图像中,可以观察到 Li-Ph-POSS(图中亮点)在 EP 中呈现出分散粒径约为 40 nm 或更小的球形纳米颗粒,这些球形的亮点为 Li-Ph-POSS 颗粒,表明 Li-Ph-POSS 只在简单的机械搅拌下就能够在 EP 中实现纳米级分散。同时文献[32]指出,引入含金属铝元素的协效剂能够显著改善 T_7-Ph-POSS 在 EP 中的分散状态,即明显降低在 EP 中 POSS 颗粒的分散粒径。因此,Li-Ph-POSS 在 EP 中优异的纳米级球形颗粒分散可能与 POSS 纳米笼中的锂元素密切相关。

以上研究结果表明,Li-Ph-POSS 与 EP 基体相容性良好且在其中以纳米级球形颗粒分散。此外,通过简单的机械搅拌而获得了不改变透明性的纳米复合材料,这对于制备新型高性能 EP 纳米复合材料具有重要意义。

2.4.2　复合材料的热稳定性分析

纯 EP 和 EP/Li-Ph-POSS 纳米复合材料在氮气氛下的 TG 和 DTG 曲线如图 2-13 和图 2-14 所示。可以看出,将不同量的 Li-Ph-POSS 添加到 EP 基体后,所得到的 EP 纳米复合材料的初始分解温度与纯 EP 相比,在低添加量下并没有明显的不同,但随着添加量增加到 4%,其初始分解温度明显降低。而产物 Li-Ph-POSS 的初始分解温度明显高于纯 EP,这说明 Li-Ph-POSS 在特定的添加量下,在升温的过程中会和 EP 基体发生反应,进而促进其提前热分解。此外,EP/Li-Ph-POSS 纳米复合材料的最大降解速率处的温度随着 Li-Ph-POSS 添

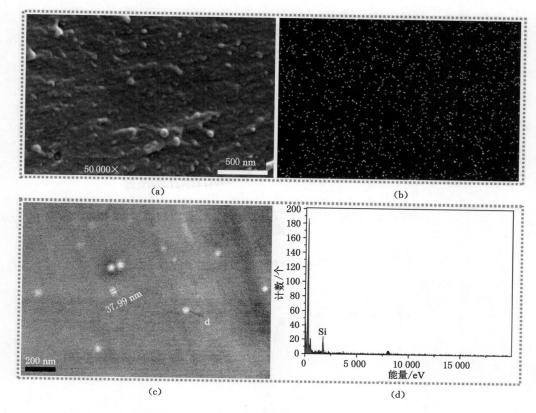

图 2-12　EP/4％ Li-Ph-POSS 纳米复合材料冷冻淬断面的 SEM 图像和 Si 元素的
面扫图以及 EP/4％ Li-Ph-POSS 纳米复合材料超薄切片的 TEM 图像和 EDS 分析

加量的增大逐渐降低，而 800 ℃的残炭量却随着 Li-Ph-POSS 添加量的增大明显提高，尤其是在添加量为 2％和 4％时的增长幅度最明显。当 Li-Ph-POSS 的添加量为 4％时，残炭量为 20％，该值远远大于理论计算值（12.9％），说明 Li-Ph-POSS 可以促进所形成的 EP 纳米复合材料在热分解的过程中快速成炭，进而提高其热稳定性。

表 2-5　EP 和 EP/Li-Ph-POSS 纳米复合材料在氮气氛下的 TG 数据

样品	T_{onset}/℃	T_{max1}/℃	800 ℃时残炭量/％
EP	377	419	11.1
EP/0.5％ Li-Ph-POSS	379	421	12.7
EP/1％ Li-Ph-POSS	379	409	13.7
EP/2％ Li-Ph-POSS	382	410	17.9
EP/4％ Li-Ph-POSS	365	400	20.0

注：T_{onset} 表示质量损失为 5％时的温度；T_{max} 表示最大质量损失速率处的温度。

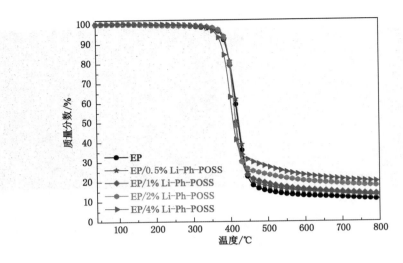

图 2-13　纯 EP 和 EP/Li-Ph-POSS 纳米复合材料在氮气氛下的 TG 曲线

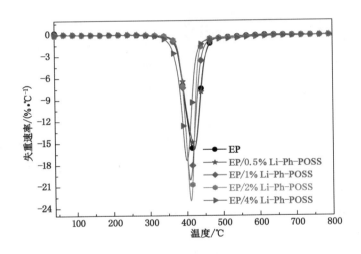

图 2-14　纯 EP 和 EP/Li-Ph-POSS 纳米复合材料在氮气氛下的 DTG 曲线

2.4.3　复合材料的阻燃和抑烟性能

　　LOI 测试是一种较为简单的量化高分子复合材料阻燃性能的测试。图 2-15 给出了 LOI 测试期间和测试完成后 EP/1% Li-Ph-POSS 的数码照片,纯 EP 和 EP 纳米复合材料的 LOI 测试数据列于表 2-6。可以看出,将 Li-Ph-POSS 添加到 EP 后,当添加量仅为 0.5% 和 1% 时,LOI 值分别显著提高至 26.8% 和 29.3%。然而,随着 Li-Ph-POSS 添加量的继续增大,并没有继续提高所得 EP 纳米复合材料的 LOI 值。相反,当 Li-Ph-POSS 的添加量为 2% 和 4% 时,其相应 EP 纳米复合材料的 LOI 值分别降低到 24.2% 和 23.0%。为了探索在 Li-Ph-POSS 低添加量下所得 EP 纳米复合材料 LOI 值急剧提升原因,我们截取了 EP/1% Li-Ph-POSS 在氧浓度为 29.8% 的气氛燃烧的视频截图。由图 2-15 可以看出,在燃烧过程中部分火焰暂时偏离了复合材料表面,这是由于燃烧过程中产生了大量的不燃的气体挥发物,而这些不燃性气体短暂的爆发式喷出,致使火焰暂时被吹离了聚合物基体的表面,从而达到了自熄的效果,这种现象类似于本课题组提出的"吹熄阻燃机理"[33]。同时,EP/1% Li-Ph-POSS 燃烧后形成的残炭的形貌也证实了燃烧过程中会有大量的气体产生。

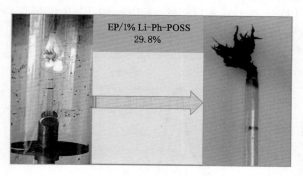

图 2-15　LOI 测试期间和测试完成后 EP/1% Li-Ph-POSS 的数码照片

表 2-6　EP、EP/0.5% Li-Ph-POSS、EP/1% Li-Ph-POSS、EP/2% Li-Ph-POSS 和 EP/4% Li-Ph-POSS 的 LOI 测试、锥形量热测试和烟密度测试的数据

样品	TTI /s	p-HRR /(kW·m^{-2})	$t_{p\text{-}HRR}$ /s	FGI /(kW·m^{-2}·s^{-1})	THR /(MJ·m^{-2})	p-SPR /(m^2·s^{-1})	$D_{s,max}$	LOI /%
EP	38	1074.9	130	8.27	98.8	0.45	966	22.6
EP/0.5% Li-Ph-POSS	39	898.2	115	7.81	90.2	0.37	924	26.8
EP/1% Li-Ph-POSS	63	881.7	135	6.53	84.2	0.36	797	29.3
EP/2% Li-Ph-POSS	41	489.7	120	4.08	64.2	0.31	721	24.2
EP/4% Li-Ph-POSS	58	424.7	140	3.03	62.5	0.25	685	23.0

注:TTI—点燃时间;p-HRR—热释放率峰值;FGI—火势增长指数;p-SPR—烟雾释放速率峰值;$t_{p\text{-}HRR}$—到达 p-HRR 的时间;$D_{s,max}$—最大烟雾密度;LOI—极限氧指数。

随着表征技术手段的不断发展,现阶段出现了许多测试手段可用于评估聚合物材料的火灾隐患,其中锥形量热仪测试是最重要的方法之一,可以较准确地反映材料在燃烧时的真实燃烧行为。同时,锥形量热仪测试能够提供与实际火灾场景中相关的一些关键参数,包括点燃时间、热释放速率峰值、总热释放量、烟雾释放速率、CO 产生速率和 CO_2 产生速率(CO_2P)[34-35]。

一般情况下,真实火灾中所释放的热量是对人类生命和财产安全的最大威胁之一。因此,p-HRR 和 THR 是评价高分子复合材料阻燃性能的两个关键指标。图 2-16 和图 2-17 分别给出了 EP 及 EP/Li-Ph-POSS 纳米复合材料的热释放速率和总热释放量曲线,相应的具体数据列于表 2-6 中。可以看出,当纯 EP 被点燃后就会迅速燃烧,p-HRR 和 THR 的值分别高达 1 074.9 kW/m^2 和 98.8 MJ/m^2。与纯 EP 相比,由于 Li-Ph-POSS 的添加,所得到的 EP/Li-Ph-POSS 纳米复合材料的 p-HRR 和 THR 值出现了明显的降低。但是,

EP/Li-Ph-POSS 纳米复合材料的 p-HRR 和 THR 值并不是随着 Li-Ph-POSS 添加量的增大而线性的降低。当 EP 中 Li-Ph-POSS 的含量增加到 2% 和 4% 时,与纯 EP 相比,EP/2% Li-Ph-POSS 和 EP/4% Li-Ph-POSS 的 p-HRR 值分别降低了 54% 和 61%。同时,与纯 EP 相比,EP/2% Li-Ph-POSS 和 EP/4% Li-Ph-POSS 的 THR 值也分别减少了 35% 和 36%。EP/Li-Ph-POSS 纳米复合材料的 p-HRR 和 THR 值显著降低,这类复合材料所要面临的火危险将大大降低。

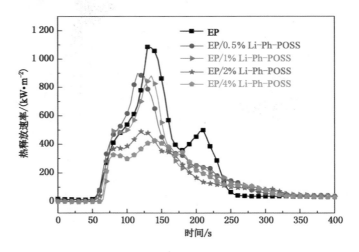

图 2-16　锥形量热测试的 EP 及其纳米复合材料 HRR 曲线

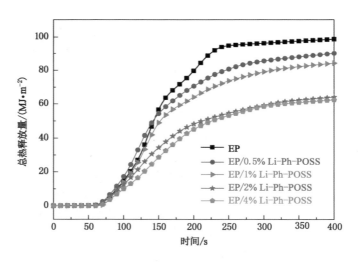

图 2-17　锥形量热测试的 EP 及其纳米复合材料 THR 曲线

一些纳米级阻燃剂引入聚合物基体后,所形成的纳米复合材料的点燃时间将会明显缩短[19],这对阻燃是不利的。与其不同的是,Li-Ph-POSS 的引入可以延长所形成的 EP/Li-Ph-POSS 纳米复合材料的 TTI 值。预测火灾危险程度还有一个重要的指标称为火势增长指数,即 FGI,其大小为 p-HRR 值与 $t_{\text{p-HRR}}$ 的比值。FGI 值越低,则火灾危险程度越小。如表 2-6 所列,随着 Li-Ph-POSS 添加量的逐渐增加,EP/Li-Ph-POSS 纳米复合材料的 FGI 值在逐渐减小。当添加量为 4% 时,EP/4% Li-Ph-POSS 纳米复合材料的 FGI 值为 3.03 kW/(m²·s),远低于纯 EP 的 8.27 kW/(m²·s)。这一结果进一步证明,Li-Ph-POSS 的引入可以显著降低 EP/Li-Ph-POSS 纳米复合材料的火灾风险。

除了热量的释放外,火灾中还会产生大量的烟雾和毒性气体,这类威胁可能对人身安全造成更大的伤害。通常情况下,由于高分子复合材料的分子结构中含有大量的含碳有机成分,一经点燃便会产生大量的有毒黑色烟雾,并迅速扩散。因此,降低高分子复合材料在燃烧过程中烟雾和毒性气体的释放是减轻其火灾风险的重要方法之一。有毒的烟雾可分为两部分:一部分是肉眼可见的固体小颗粒,即稠环芳烃或含碳的大分子链段;另一部分是各种小分子气态挥发物。常见的黑烟或白烟均为固体小颗粒,可以通过 Cone 测试中的烟雾产生速率和烟雾密度(D_s)测试对其进行评估,其中烟雾产生速率和最大烟密度是依据烟雾密度室中光的透射率变化而计算得出的。如图 2-18、图 2-19 和表 2-6 所示,添加 Li-Ph-POSS 到 EP 后,相比于纯 EP,EP/0.5% Li-Ph-POSS、EP/1% Li-Ph-POSS、EP/2% Li-Ph-POSS 和 EP/4% Li-Ph-POSS 的 p-SPR 值分别降低了 17%、20%、31% 和 44%,且最大烟雾密度分别降低了 4%、17%、25% 和 29%。以上结果表明,Li-Ph-POSS 的添加赋予了 EP/Li-Ph-POSS 纳米复合材料显著的抑烟作用。

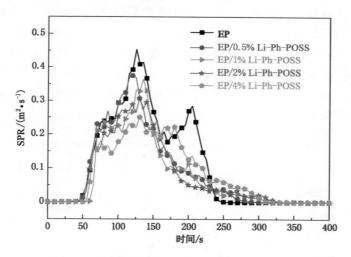

图 2-18　锥形量热测试的 EP 及其纳米复合材料 SPR 曲线

有毒烟雾还包含许多有毒的气体小分子,如 CO、NO_x、SO_2、H_2S、HCN、HF、HBr 和 HCl。CO 是多数高分子复合材料燃烧过程中产生的主要有毒气体之一,其由于高分子复合材料的不完全燃烧而大量产生,这样会对火灾中的人员安全造成巨大的威胁。因此,选择了锥形量热测试过程中的 COP 作为评价 EP 及其纳米复合材料在燃烧过程中的烟毒性。如图 2-20 所示,在 EP 中添加 Li-Ph-POSS 后,相比于纯 EP,EP/0.5% Li-Ph-POSS、EP/1% Li-Ph-POSS、EP/2% Li-Ph-POSS 和 EP/4% Li-Ph-POSS 的 p-COP 值分别减少了约 3%、6%、46% 和 72%。由此可见,在 Li-Ph-POSS 的低添加量下(0.5% 和 1%),并未呈现出明显抑制毒性气体 CO 的释放;当 Li-Ph-POSS 的添加量增大到 2% 和 4% 时,所得到的

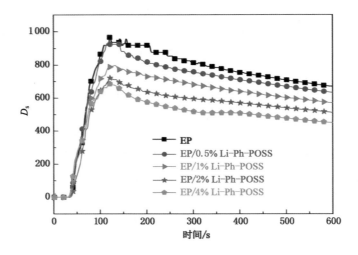

图 2-19 烟密度测试的 EP 及其纳米复合材料 D_s 曲线

纳米复合材料的 CO 释放速率峰值明显降低,这可能与所形成的炭层密切相关。也就是说,EP/Li-Ph-POSS 纳米复合材料中的 Li-Ph-POSS 在稍高的添加量下,对于抑制毒性气体 CO 的释放具有明显的作用。除毒性气体 CO 外,EP/4％ Li-Ph-POSS 纳米复合材料的 p-CO_2P 值从纯 EP 的 0.65 g/s 降至 0.26 g/s,降幅达 60％(图 2-21)。根据以上对 EP 及其纳米复合材料在燃烧过程中的热释放、烟释放和毒性气体释放的分析结果可知,Li-Ph-POSS 可以极大地降低 EP 纳米复合材料在燃烧过程中热释放、烟释放和 CO 等气体的释放,从而降低其可能带来的火灾和有毒烟气危险。

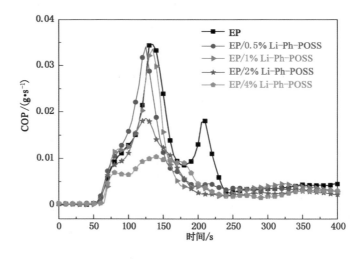

图 2-20 锥形量热测试的 EP 及其纳米复合材料 COP 曲线

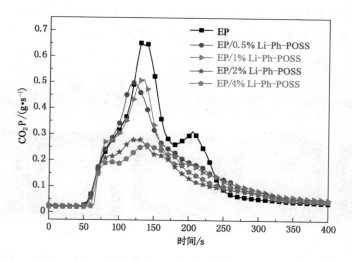

图 2-21　锥形量热测试的 EP 及其纳米复合材料 CO_2P 曲线

2.5　复合材料的阻燃机理

2.5.1　凝聚相阻燃机理

图 2-22 给出了纯 EP 和 EP/Li-Ph-POSS 纳米复合材料经锥形量热测试后的残炭数码照片。可以看出,对于纯 EP,燃烧后仅有少量的黑色炭残留。当将 0.5％的 Li-Ph-POSS 添加到 EP 基材中时,燃烧后只有少量的炭残留,但是颜色变成了白灰色。继续增加 Li-Ph-POSS 的添加量至 1％,EP/1％ Li-Ph-POSS 纳米复合材料的残炭表面分布了大量的孔洞,而且发生了明显的膨胀。结合氧指数测试,EP/1％ Li-Ph-POSS 纳米复合材料形成的多孔膨胀灰色炭层可能是由于燃烧过程中大量的不燃气态产物喷出所致。随着 Li-Ph-POSS 含量的继续增加,形成的炭层更加致密和规则,且表面孔洞和裂缝越来越少。当 Li-Ph-POSS 的添加量增大到 4％时,如图 2-22 所示,EP/4％ Li-Ph-POSS 纳米复合材料的残炭炭层呈现出规则的形状,并且在其外表面上没有任何明显的裂纹和气孔。因此,这样膨胀且致密的炭层有助于减少烟尘的释放并抑制燃烧过程中有毒气体的挥发。

为了进一步探究 Li-Ph-POSS 的阻燃机理,选择 EP/4％ Li-Ph-POSS 纳米复合材料的残炭作为研究对象。图 2-23 显示了 EP/4％ Li-Ph-POSS 纳米复合材料残炭切面的数码照片及其表面残炭、内部残炭和内部底层残炭的 SEM 图像。首先,由剖面图像可以看出,在被切割后能够保持原状而不碎裂,表明形成的残炭炭层强度较硬,而且内部的中心有较大的半圆形鼓包,表明燃烧中产生了大量的气体。其次,将剖面炭层分为 3 部分:外部表面、内部和底层。可以看出,外部炭层是灰色的且非常薄,并且表面上分布有许多孔和碎片。此外,尽管内部和底层残炭上出现了一些大的泡状物或者坑,但它们周围的其他区域却致密且连续,没有任何裂纹的出现。当复合材料受热分解产生气体挥发物时,这样的密实炭层会抑制它们的释放,最终致使大量的坑分布在底层残炭的表面,同时也表明残炭的强度非常高。这 3 个部分的炭层是通过许多细小的条状炭质连接在一起的。最后,EP/Li-Ph-POSS 纳米复合材料在燃烧过程中形成了三重保护屏障,具有良好的阻燃和抑烟性能。

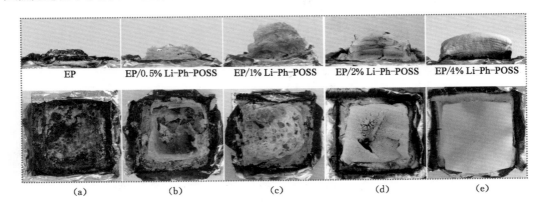

图 2-22 锥形量热测试后 EP 及其纳米复合材料残炭的侧视图和顶视图的数码照片

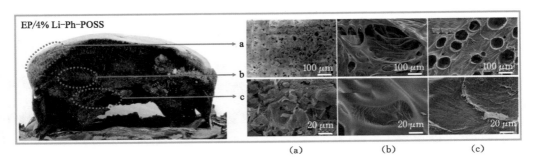

图 2-23 EP/4% Li-Ph-POSS 纳米复合材料残炭切面的数码照片及其表面残炭、
内部残炭和内部底层残炭的 SEM 图像

如图 2-24 所示,通过 XPS 进一步分析了锥形量热测试的 EP/4% Li-Ph-POSS 纳米复合材料残炭的 3 个不同部位残炭的化学成分。在残炭的 XPS 宽扫光谱中,检测到的主要元素包括 O、C、Si 和 Li,且观察到外部炭层中的 O 和 Si 的原子浓度最高,但在此部分的 C 原子浓度却最低。同时,越向炭层内部,C 的原子浓度越高,O 和 Si 的原子浓度却逐渐降低。

为了探究清楚所属 3 个部分炭层的具体化学结构,对其采用高分辨率 XPS 光谱进行分析。图 2-25 给出了 EP/4% Li-Ph-POSS 纳米复合材料残炭的高分辨率 XPS 光谱。在残炭外部表面、内部和底层区域的高分辨率 Si $2p$ XPS 光谱中检测到 100~106 eV 的结合能。据报道,在 103.4 eV 处的峰归属于残炭中的 Si(—O)$_4$ 键和 Si—O 键[36-37]。该结果意味着 EP/4% Li-Ph-POSS 纳米复合材料燃烧后外部表面的灰色残炭的主要成分为 SiO_2。大约在 102 eV 处,高分辨率 Si $2p$ XPS 光谱对应于 Si—C 键的谱带。可以看出,C—Si 的强度从外层向底层逐渐增大,表明在内部的炭层中形成了更多的 C—Si 结构。同时,观察到 C $1s$ 的 XPS 光谱中的主峰在 282~287 eV,且其可以被拟合为 3 个峰。284.6 eV 处的峰应归属于脂肪族和芳香族基团中的 C—C/C—H 键,283.7 eV 处的峰应归因于 C—Si 键,而 285.8 eV 处

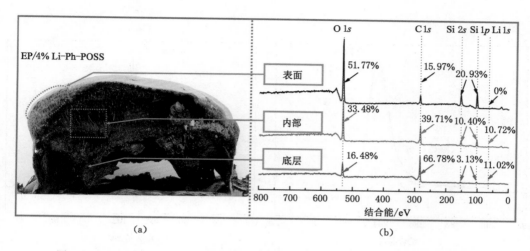

图 2-24　EP/4％ Li-Ph-POSS 纳米复合材料残炭切面的数码照片和 XPS 宽扫光谱

的峰应对应于残炭中的 C—O 键[37-39]，而且 C—Si 键的强度也是向着炭层的内部持续增强，说明在内部炭层中形成了更多的 C—Si 结构。

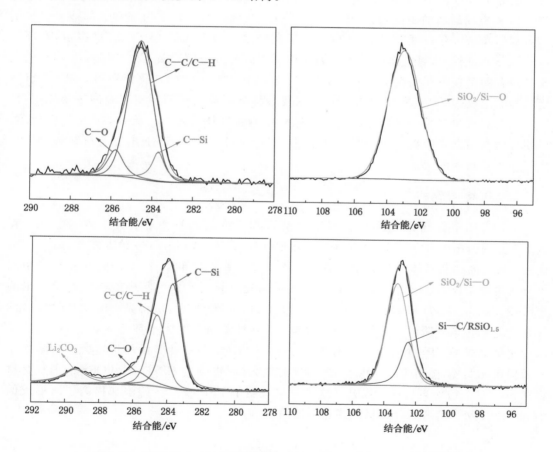

图 2-25　EP/4％ Li-Ph-POSS 纳米复合材料残炭的高分辨率 XPS 光谱

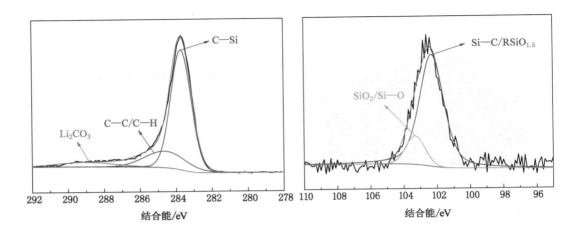

图 2-25 （续）

　　值得注意的是,在内部和底部残炭的高分辨率 C 1s 的 XPS 光谱中可以观察到一个在 289.4 eV 出现的新的小峰,其应该归属于 CO_3^{2-} 结构。考虑到在内部和底部残炭炭层的 XPS 宽扫光谱中存在锂元素,故 CO_3^{2-} 属于燃烧过程中形成的 Li_2CO_3。据报道,在环氧树脂的分解过程中,碱金属能够发生催化作用并改变其分解过程[40]。因此,Li_2CO_3 的生成可能有助于在内部残炭中形成大量的 C—Si 结构。锂元素的催化作用和大量 C—Si 稳定结构的生成是 EP/4% Li-Ph-POSS 纳米复合材料形成致密而厚实残炭的主要原因,该炭层可有效减少烟雾的释放并抑制燃烧过程中有毒气体的逸出。此外,如图 2-23 所示,对残炭的表面微观形貌的分析进一步表明,EP/4% Li-Ph-POSS 纳米复合材料燃烧后形成了多重且致密的炭层。

2.5.2　气相阻燃机理

　　TG-FTIR 技术可以用来分析材料分解过程中的气态挥发物。图 2-26、图 2-27 和表 2-7 分别给出了 TG-FTIR 测试中得到的纯 EP 和 EP/Li-Ph-POSS 纳米复合材料的 TG 曲线、DTG 曲线和具体的热分解数据。由图 2-26、图 2-27 和表 2-7 可知,与氮气氛中一个分解阶段不同,纯 EP 和 EP/Li-Ph-POSS 纳米复合材料在空气氛中的热分解呈现出两个阶段:300～480 ℃和 480～650 ℃。在加入 Li-Ph-POSS 后,所得到 EP/Li-Ph-POSS 纳米复合材料在第一阶段的分解速率明显减小,但与添加量的大小并不相关,而第二阶段部分比例形成的 EP/Li-Ph-POSS 纳米复合材料随着 Li-Ph-POSS 添加量增大而分解速率有所加快。此外,随着 Li-Ph-POSS 添加量的增大,所得到的 EP/Li-Ph-POSS 纳米复合材料在 800 ℃下的残炭量逐步提升。这进一步说明了 Li-Ph-POSS 的添加提高了所形成的 EP/Li-Ph-POSS 纳米复合材料的热稳定性。

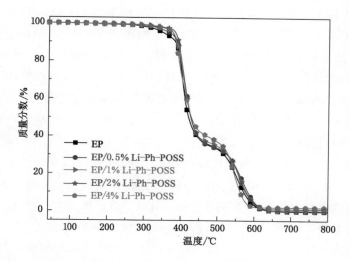

图 2-26　纯 EP 和 EP/Li-Ph-POSS 纳米复合材料在空气氛下的 TG 曲线

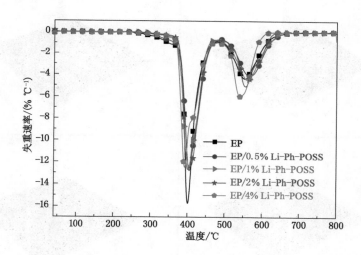

图 2-27　纯 EP 和 EP/Li-Ph-POSS 纳米复合材料在空气氛下的 DTG 曲线

表 2-7　EP 和 EP/Li-Ph-POSS 纳米复合材料在空气氛下的热分解数据

样品	空气			
	T_{onset}/℃	T_{max1}/℃	T_{max2}/℃	800 ℃时残炭量/%
EP	350	401	553	0
EP/0.5% Li-Ph-POSS	367	405	565	0.1
EP/1% Li-Ph-POSS	377	405	560	0.4
EP/2% Li-Ph-POSS	383	401	555	1.3
EP/4% Li-Ph-POSS	376	393	541	2.0

注：T_{onset}表示质量损失为 5%时的温度；T_{max}表示最大质量损失速率处的温度。

纯 EP 和 EP/Li-Ph-POSS 纳米复合材料在空气氛下的 3D TG-FITR 如图 2-28 所示，最大质量损失速率处的气相挥发物 FTIR 图如图 2-29 所示。可以看出，纯 EP 及 EP/Li-Ph-POSS 纳米复合材料在热分解过程中所产生挥发物的种类并没有显著的变化，但是其含量和产生的时间发生了明显的变化。此外，如图 2-29 和表 2-8 所示，EP/Li-Ph-POSS 纳米复合材料在第一个分解阶段主要产生的气体挥发物是苯酚衍生物/水（3 650 cm^{-1}）、芳香族化合物（3 050 cm^{-1}、1 604 cm^{-1}、1 510 cm^{-1} 和 1 340 cm^{-1}）、脂肪族化合物（3 016 cm^{-1} 和 2 969 cm^{-1}）和含酯/醚的化合物（1 257 cm^{-1}、1 181 cm^{-1} 和 1 052 cm^{-1}），这些也都是纯 EP 在第一个分解阶段的主要热分解气相产物。在第二个分解阶段，产生的主要气相挥发物是 CO_2（2 360 cm^{-1}）和 CO（2 180 cm^{-1} 和 2 100 cm^{-1}）。此外，还检测到少量的苯酚衍生物/水、芳香族化合物、脂肪族化合物和含酯/醚的化合物。这类热分解挥发性产物被认为是在前一个分解阶段中形成的不稳定炭在高温阶段的进一步氧化分解所产生。以上研究结果表明，EP/Li-Ph-POSS 纳米复合材料在热分解过程中产生的气体挥发物的种类与纯 EP 相似。

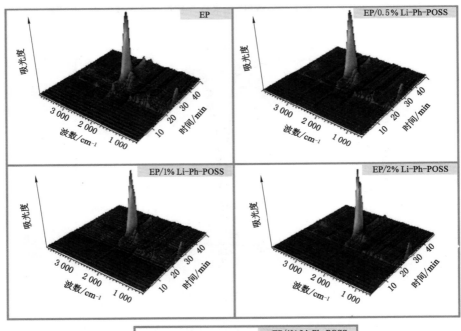

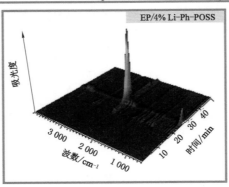

图 2-28　纯 EP 和 EP/Li-Ph-POSS 纳米复合材料在空气氛下的 3D TG-FITR

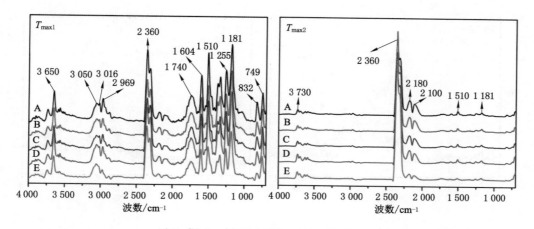

图 2-29　纯 EP 和 EP/Li-Ph-POSS 纳米复合材料在空气氛下最大质量损失速率处的
气相挥发物红外谱

表 2-8　EP 和 EP/Li-Ph-POSS 纳米复合材料挥发性成分的 FTIR 光谱归属

波数/cm^{-1}	结构归属
3 650,3 730	苯酚和水中的羟基峰
3 050	苯乙烯衍生物中苯环的吸收峰
3 016	甲烷的吸收峰
2 969	脂肪烃的伸缩振动峰
2 360	二氧化碳
2 180,2 100	一氧化碳
1 748	含有羰基的化合物
1 604,1 510,1 340	芳香环的吸收峰
1 257,1 181,1 052	C—O 的伸缩振动峰
832,749	苯乙烯中苯环的变形震动峰

　　图 2-30 显示了纯 EP 和 EP/4% Li-Ph-POSS 纳米复合材料在 3D TG-FTIR 谱中的烃类化合物($2\,930\ \text{cm}^{-1}$)、CO($2\,180\ \text{cm}^{-1}$)和芳香族化合物($1\,510\ \text{cm}^{-1}$)的释放速率谱。对于纯 EP,将样品加热到 350 ℃时,含碳元素和氢元素烃类化合物和芳香族化合物的释放速率快速达到峰值,并逐渐减少。随后,烃类化合物和芳香族化合物的第二个不明显的释放峰分别出现在了 480 ℃和 520 ℃附近。此外,纯 EP 的 CO 释放速率曲线也呈现出了两个峰,但是位于 460~700 ℃内的第二个峰占主导地位。由于烃类和芳香族气体挥发物的释放时间是在 CO 释放之前,因而复合材料早期的热分解应源自环氧树脂基体,而 CO 的释放被认为是早期形成炭层的不充分燃烧,该炭层是在环氧树脂基体的热分解过程中形成的。

　　对于 EP/4% Li-Ph-POSS 纳米复合材料,热分解过程中烃类化合物、CO 和芳香族化合物的产生时间和释放量与纯 EP 明显不同。烃类和芳香族化合物的产生明显分为两个阶

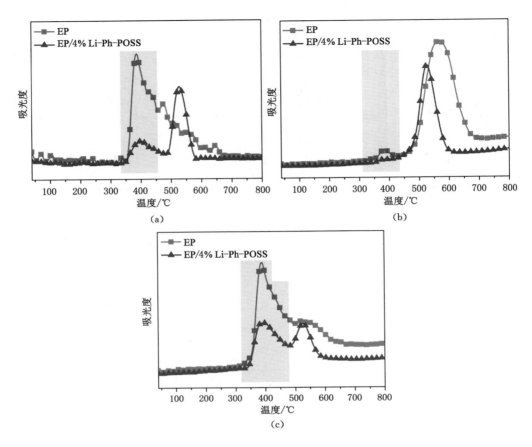

图 2-30　纯 EP 和 EP/4％ Li-Ph-POSS 在空气氛下热解过程中特定挥
产物的释放速率谱

段,其中第一阶段与纯 EP 的热分解中产生的烃类和芳香族化合物几乎处于相同的温度,但是它们的释放量远低于纯 EP。值得注意的是,在这一阶段并没有 CO 的产生,可能与Li-Ph-POSS 的添加相关,在早期形成了稳定的炭层。据报道,当模拟在真实火灾中聚合物基材被点燃后气态挥发性产物的释放情况时,前一阶段主体结构的热分解阶段(图 2-30 中的阴影区域)比后一阶段高温下所形成炭层的热氧化分解更适合[25]。因此,将Li-Ph-POSS 添加到 EP 中后,可以极大地减少这类易燃性气态挥发物的产生。在分解过程的第二个阶段中,EP/4％ Li-Ph-POSS 纳米复合材料生成了大量烃类化合物,此应来自环氧树脂中的脂肪族链段的热分解。烃类化合物产生的温度的显著提升表明 Li-Ph-POSS 的添加和锂元素的存在显著提高了纳米复合材料的热稳定性。此外,对于 CO 的释放,EP/4％ Li-Ph-POSS 纳米复合材料在第二阶段较纯 EP 有所提前,但产生的时间很短,而释放量明显低于纯 EP。

图 2-31 显示了 EP/Li-Ph-POSS 纳米复合材料的燃烧和阻燃机理。具体可以概括如下:当复合材料的表面暴露于火焰中时,其表面的温度迅速升高,并且由于环氧树脂基体的分解而产生了一些易燃/不燃的气体挥发物,而溶于 EP 基体中 Li-Ph-POSS 倾向于向燃烧

表面迁移。Li-Ph-POSS 分解产生了大量的 Si—O 结构,含此结构的产物迅速聚集在环氧树脂熔体的表面上,并形成大量白灰色的 SiO$_2$ 隔热层,在抑制有毒气体挥发物的产生起了一定的作用。同时,由于内部锂元素的催化作用,在燃烧的过程中形成大量热稳定的 Si—C 结构,此结构有助于连接内部的致密炭层。此外,由于 Li-Ph-POSS 添加到 EP 后,在燃烧过程中催化形成更多的致密炭层,这种坚固而稳定的炭层有效地降低了燃烧过程中热量、烟雾和毒性气体的释放,从而提高了复合材料的阻燃和抑烟性能。

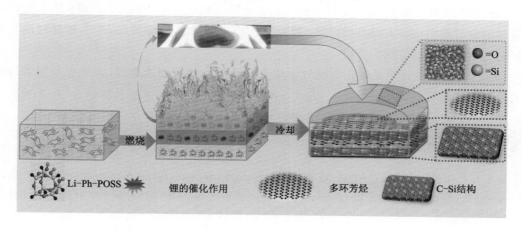

图 2-31　EP/Li-Ph-POSS 纳米复合材料的阻燃机理

2.6　本章小结

（1）苯基三乙氧基硅烷在 LiOH·H$_2$O 的催化下,通过水解缩合反应生成了含金属锂的七苯基不完全缩聚硅倍半氧烷锂盐(Li-Ph-POSS)及其含丙酮配体的配合物(Li-Ph-POSS-丙酮)。多种测试手段证明了丙酮配体可以通过简单的水洗操作去除,并不会影响产物的主体化学结构。FTIR、^{1}H NMR 和 ^{13}C NMR 结果证明了苯基三乙氧基硅烷在 LiOH·H$_2$O 的存在下,发生了水解缩合反应生成了 Si—O—Li 和 Si—O—Si 等新的化学键。^{29}Si NMR 显示产物中 Si 原子的共振只存在三种不同的状态,且三者的积分面积比为 2∶1∶4,证明了得到产物的结构为部分缩聚的硅倍半氧烷。此外,MALDI-TOF MS 结果证明了所得产物 Li-Ph-POSS 为单一的不完全缩聚硅倍半氧烷锂盐。

（2）将制备的 Li-Ph-POSS 以 0.5%、1%、2% 和 4% 的 4 种添加量添加到 DGEBA/DDS 的 EP 中形成复合材料。

① Li-Ph-POSS 在 DGEBA 液体中分散良好。对复合材料冷冻淬断面的 SEM 和 TEM 测试结果表明,通过简单的机械搅拌 Li-Ph-POSS 在 EP 中呈现纳米球形颗粒分散,虽然加深了所形成复合材料的颜色,但未对其透明性造成明显影响。

② Li-Ph-POSS 的添加提高了所形成 EP/Li-Ph-POSS 纳米复合材料的热稳定性,尤其表现在添加量为 2% 和 4% 时。

③ 锥形量热和烟密度测试结果显示,由于 Li-Ph-POSS 的添加,相比于纯 EP,

EP/Li-Ph-POSS 纳米复合材料的热释放、烟释放和毒性气体的产生速率和释放量都明显降低。

（3）锥形量热测试后的残炭形貌、SEM 图像和 XPS 光谱表明，EP/Li-Ph-POSS 纳米复合材料阻燃和抑烟性能提升的原因在于其燃烧过程中迅速形成的外层富含 SiO₂ 灰色热绝缘炭层和内部富含稠环芳香烃和 C—Si 等稳定结构的致密炭层，这种多重坚固炭层的快速形成，有效抑制了外界和基体内部热量和气体的交换，产生了良好的抑烟效果。

（4）在气相阻燃方面，Li-Ph-POSS 的添加使得所形成的 EP/Li-Ph-POSS 纳米复合材料在热分解过程中一些有毒易燃气体（如烃类、CO 和芳香族化合物）的产生和释放量与纯 EP 相比发生了明显的变化。

（5）这种含锂硅倍半氧烷作为高效环境友好型纳米级阻燃添加剂，未来在不同聚合物基复合材料中有广阔应用前景。

本章参考文献

[1] MA L C,ZHU Y Y,WANG M Z,et al. Enhancing interfacial strength of epoxy resin composites via evolving hyperbranched amino-terminated POSS on carbon fiber surface [J]. Composites science and technology,2019,170:148-156.

[2] WAN J T,GAN B,LI C,et al. A novel biobased epoxy resin with high mechanical stiffness and low flammability:synthesis,characterization and properties[J]. Journal of materials chemistry A,2015,3(43):21907-21921.

[3] CHEN Y,YE L,FU K K,et al. Transition from buckling to progressive failure during quasi-static in-plane crushing of CF/EP composite sandwich panels[J]. Composites science and technology,2018,168:133-144.

[4] QI Z,ZHANG W C,HE X D,et al. High-efficiency flame retardency of epoxy resin composites with perfect T8 caged phosphorus containing polyhedral oligomeric silsesquioxanes (P-POSSs)[J]. Composites Science and Technology,2016,127:8-19.

[5] JIANG J,CHENG Y B,LIU Y,et al. Intergrowth charring for flame-retardant glass fabric-reinforced epoxy resin composites[J]. Journal of materials chemistry A,2015, 3(8):4284-4290.

[6] KONG Q H,WU T,ZHANG J H,et al. Simultaneously improving flame retardancy and dynamic mechanical properties of epoxy resin nanocomposites through layered copper phenylphosphate[J]. Composites science and technology,2018,154:136-144.

[7] HE X D,ZHANG W C,YANG R J. The characterization of DOPO/MMT nanocompound and its effect on flame retardancy of epoxy resin[J]. Composites part A:Applied science and manufacturing,2017,98:124-135.

[8] XU Y J,WANG J,TAN Y,et al. A novel and feasible approach for one-pack flame-retardant epoxy resin with long pot life and fast curing[J]. Chemical engineering journal,2018,337:30-39.

[9] ZHANG J H,KONG Q H,WANG D Y. Simultaneously improving the fire safety and mechanical properties of epoxy resin with Fe-CNTs via large-scale preparation[J]. Journal of materials chemistry A,2018,6(15):6376-6386.

[10] KONG Q H,SUN Y L,ZHANG C J,et al. Ultrathin iron phenyl phosphonate nanosheets with appropriate thermal stability for improving fire safety in epoxy[J]. Composites science and technology,2019,182:107748.

[11] LUDA M P,BALABANOVICH A I,ZANETTI M,et al. Thermal decomposition of fire retardant brominated epoxy resins cured with different nitrogen containing hardeners[J]. Polymer degradation and stability,2007,92(6):1088-1100.

[12] SHAW S D,BLUM A,WEBER R,et al. Halogenated flame retardants:do the fire safety benefits justify the risks? [J]. Reviews on environmental health,2010,25(4): 261-305

[13] QIAN L J,YE L J,QIU Y,et al. Thermal degradation behavior of the compound containing phosphaphenanthrene and phosphazene groups and its flame retardant mechanism on epoxy resin[J]. Polymer,2011,52(24):5486-5493.

[14] QIAN L J,YE L J,XU G Z,et al. The non-halogen flame retardant epoxy resin based on a novel compound with phosphaphenanthrene and cyclotriphosphazene double functional groups[J]. Polymer degradation and stability,2011,96(6):1118-1124.

[15] WATH S B,KATARIYA M N,SINGH S K,et al. Separation of WPCBs by dissolution of brominated epoxy resins using DMSO and NMP:a comparative study [J]. Chemical engineering journal,2015,280:391-398.

[16] SCHARTEL B,BRAUN U,BALABANOVICH A I,et al. Pyrolysis and fire behaviour of epoxy systems containing a novel 9,10-dihydro-9-oxa-10-phosphaphenanthrene-10-oxide-(DOPO)-based diamino hardener [J]. European polymer journal,2008,44(3):704-715.

[17] LI G X,YANG J F,HE T S,et al. An Investigation of the thermal degradation of the intumescent coating containing MoO_3 and Fe_2O_3[J]. Surface and coatings technology,2008, 202(13):3121-3128.

[18] CHEN M J,LIN Y C,WANG X N,et al. Influence of cuprous oxide on enhancing the flame retardancy and smoke suppression of epoxy resins containing microencapsulated ammonium polyphosphate[J]. Industrial and engineering chemistry research,2015, 54(51):12705-12713.

[19] ZHANG W C,CAMINO G,YANG R J. Polymer/polyhedral oligomeric silsesquioxane (POSS) nanocomposites:an overview of fire retardance[J]. Progress in polymer science,2017,67:77-125.

[20] WANG X,KALALI E N,WAN J T,et al. Carbon-family materials for flame retardant polymeric materials[J]. Progress in polymer science,2017,69:22-46.

[21] QIU S L,WANG X,YU B,et al. Flame-retardant-wrapped polyphosphazene

nanotubes:a novel strategy for enhancing the flame retardancy and smoke toxicity suppression of epoxy resins[J]. Journal of hazardous materials,2017,325:327-339.

[22] LI A J, XU W Z, WANG G S, et al. Novel strategy for molybdenum disulfide nanosheets grown on titanate nanotubes for enhancing the flame retardancy and smoke suppression of epoxy resin[J]. Journal of Applied Polymer Science, 2018, 135(15):46064.

[23] KILIARIS P, PAPASPYRIDES C D. Polymer/layered silicate (clay) nanocomposites:an overview of flame retardancy[J]. Progress in polymer science,2010,35(7):902-958.

[24] QIU S L,ZHOU Y F,ZHOU X,et al. Air-stable polyphosphazene-functionalized few-layer black phosphorene for flame retardancy of epoxy resins[J]. Small, 2019, 15(10):e1805175.

[25] FENG Y,HE C,WEN Y,et al. Superior flame retardancy and smoke suppression of epoxy-based composites with phosphorus/nitrogen Co-doped graphene[J]. Journal hazard mater,2018,346:140-151.

[26] HOU Y B,HU W Z,GUI Z,et al. A novel Co(Ⅱ)-based metal-organic framework with phosphorus-containing structure:build for enhancing fire safety of epoxy[J]. Composites science and technology,2017,152:231-242.

[27] XU W Z,WANG X L,WU Y,et al. Functionalized graphene with Co-ZIF adsorbed borate ions as an effective flame retardant and smoke suppression agent for epoxy resin[J]. Journal of hazardous materials,2019,363:138-151.

[28] CORDES D B,LICKISS P D,RATABOUL F. Recent developments in the chemistry of cubic polyhedral oligosilsesquioxanes [J]. Chemical reviews, 2010, 110 (4): 2081-2173.

[29] FINA A,ABBENHUIS H C L,TABUANI D,et al. Metal functionalized POSS as fire retardants in polypropylene[J]. Polymer degradation and stability, 2006, 91 (10): 2275-2281.

[30] FAN H B,YANG R J. Thermal decomposition of polyhedral oligomeric octaphenyl, octa(nitrophenyl), and octa (aminophenyl) silsesquioxanes[J]. Journal of thermal analysis and calorimetry,2014,116(1):349-357.

[31] ZHAO X M,GUERRERO F R,LLORCA J,et al. New Superefficiently Flame-Retardant Bioplastic Poly(lactic acid):Flammability,Thermal Decomposition Behavior,and Tensile Properties[J]. ACS sustainable chemistry & engineering,2016,4(1):202-209.

[32] WU Q,ZHANG C,LIANG R,et al. Combustion and thermal properties of epoxy/ phenyltrisilanol polyhedral oligomeric silsesquioxane nanocomposites[J]. Journal of thermal analysis and calorimetry,2010,100(3):1009-1015.

[33] ZHANG W C,FINA A,FERRARO G,et al. FTIR and GCMS analysis of epoxy resin decomposition products feeding the flame during UL 94 standard flammability test. Application to the understanding of the blowing-out effect in epoxy/polyhedral

silsesquioxane formulations[J]. Journal of analytical and applied pyrolysis,2018,135: 271-280.

[34] MU X W, PAN Y, MA C, et al. Novel Co_3O_4/covalent organic frameworks nanohybrids for conferring enhanced flame retardancy, smoke and CO suppression and thermal stability to polypropylene[J]. Materials chemistry and physics, 2018, 215:20-30.

[35] YANG C Z, LI Z W, YU L G, et al. Mesoporous zinc ferrite microsphere-decorated graphene oxide as a flame retardant additive: preparation, characterization, and flame retardance evaluation [J]. Industrial and engineering chemistry research, 2017, 56(27):7720-7729.

[36] SU C H, CHIU Y P, TENG C C, et al. Preparation, characterization and thermal properties of organic-inorganic composites involving epoxy and polyhedral oligomeric silsesquioxane (POSS)[J]. Journal of polymer research,2010,17(5):673-681.

[37] SONG L, HE Q L, HU Y, et al. Study on thermal degradation and combustion behaviors of PC/POSS hybrids[J]. Polymer degradation and stability,2008,93(3): 627-639.

[38] VASILJEVIĆ J, JERMAN I, JAKŠA G, et al. Functionalization of cellulose fibres with DOPO-polysilsesquioxane flame retardant nanocoating [J]. Cellulose, 2015, 22(3):1893-1910.

[39] TAN Y, SHAO Z B, CHEN X F, et al. Novel multifunctional organic-inorganic hybrid curing agent with high flame-retardant efficiency for epoxy resin[J]. ACS applied materials & interfaces,2015,7(32):17919-17928.

[40] LIU Y, LIU J, JIANG Z W, et al. Chemical recycling of carbon fibre reinforced epoxy resin composites in subcritical water: Synergistic effect of phenol and KOH on the decomposition efficiency[J]. Polymer degradation and stability,2012,97(3):214-220.

第3章 含铜四苯基硅倍半氧烷阻燃环氧树脂

3.1 引言

近年来,随着材料的发展,人们对生活安全和环境保护越来越重视,阻燃高分子复合材料逐渐进入人们的视线,并且得到了迅速发展。但是,由于多数高分子材料都具有较高的火灾危险性,因而阻燃性成为大多数高分子材料应用的必要条件[1]。作为三大通用热固性树脂之一,EP 的 LOI 值仅为 19.8%,在空气中极其易燃,燃烧过程中热释放量大、火焰传播速率快,会产生大量烟雾及有毒气体,并且难以自熄,这些极大地限制了它在军事、航天、电子电器等领域的应用[2]。

为解决上述纯 EP 所固有的缺陷,最有效的解决办法是对其进行阻燃改性。在常见的阻燃改性处理中,需要通过添加不同类型的阻燃剂来达到最好的阻燃效果,且有时会出现阻燃剂添加量大、与聚合物基体的相容性差,或者使得材料的力学性能下降等一些不利问题。因此,研发阻燃效果更好、相容性更加优良、力学性能更强、添加量更少的阻燃剂是一种很有研究价值的着手点[3]。

目前,在用于环氧树脂的诸多阻燃剂中,传统无机阻燃剂在提高 EP 阻燃性能的同时,也会造成 EP 力学性能的严重下降;含卤素元素阻燃剂在燃烧过程中会释放大量有毒烟雾,对人体有着巨大的不利影响,严重时会使人窒息;含磷阻燃剂虽然具有无卤、环境友好等特点,但由于与 EP 基体的相容性差,使得其在基体中分散效果不好,进而会导致 EP 复合材料力学机械性能的下降[4];硅系阻燃剂具备不错的耐热性能和阻燃性能,且其降解产物对环境影响不大,是典型的环境友好型阻燃剂。而多面体低聚硅倍半氧烷(POSS)以可修饰性的有机 R 基团和有机/无机内杂化结构,作为一种新一代含硅无卤纳米阻燃剂[5],以独特的性能在硅系阻燃剂中脱颖而出。

在 POSS 的诸多性能中,结构的可设计性已成为近年来热门的研究方向。而用作阻燃 EP 的 POSS 阻燃体系主要包括了 3 大类:各种被修饰的 R 基团改性 POSS、被磷系等阻燃元素改性的 POSS 以及与其他阻燃剂物理共混的协效 POSS 阻燃体系[5]。目前在对 R 基团进行改性修饰的研究中,大多都是基于 P、B、N 等非金属阻燃元素的修饰,而对于金属元素的改性修饰却较少。虽然通过非金属阻燃元素改性后的 POSS 单体能够获得较为理想的性能,但是为了能制备使 EP 复合材料阻燃性能和抑烟性能更好、分散性更强的阻燃剂,仍然需要对 POSS 的 R 基进行金属元素修饰的研究与探索。

EP 是指一种在分子内具有两个或两个以上环氧基的一种大分子低聚物,其分子中存在的活泼环氧基能够和不同的固化剂进行交联反应,所产生的固化物也属于一种热固型树脂材料[6]。其中,双酚 A 型二缩水甘油醚(DGEBA,E-44)的分子结构式及球棍模型如图 3-1 所示。

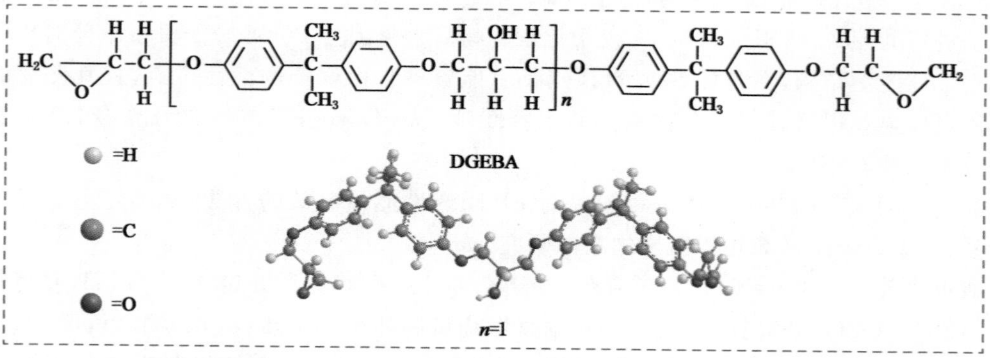

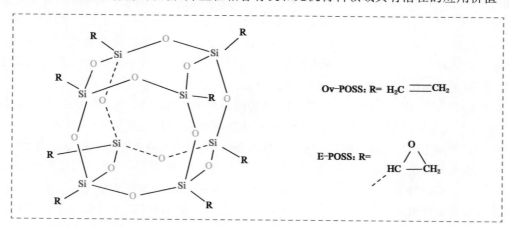

图 3-1　DGEBA 的分子结构式及球棍模型

作为一类特殊的有机大分子,EP 能够在分子间和分子内交联形成三维聚合物网络,是最通用的热固性聚合物类型。它具有通用性高、成本低、对许多基材的高黏合性、良好的耐热性和耐化学性以及优异的机械性能,在性能方面应用范围广泛。从低端到高端,包括黏合剂、防护和装饰涂料、电子产品中的灌封胶和电路板、生物医学系统中的组件、建筑中的复合结构材料以及航空航天的应用[7]。然而,环氧树脂由于断裂脆性、抗疲劳性差和热变形温度低等原因,在许多高性能应用领域受到了限制[8]。

在有机 - 无机杂化材料中,POSS 是热塑性和热固性复合材料研究最广泛的材料之一。功能性 POSS 的结构如图 3-2 所示。功能性 POSS 是一种含有三维网络笼形结构的分子内有机 - 无机杂化材料,其中包含由 Si—O 键组成的热稳定无机核心,而笼子的外侧被取代基 R 基团包围(R=氢、烷基、环氧基、金属或其他有机功能衍生物)。因此,功能性 POSS 提供了在分子水平上改性聚合物的机会,并且在相容有机和无机材料领域具有潜在的应用价值[7]。

图 3-2　功能性 POSS 结构

除此之外,对于 POSS 分子的有机/无机内杂化结构:一方面赋予了其有机和无机组分的优越性,另一方面由于两者的协同效应产生了新的性能;POSS 的纳米尺寸效应赋予其在基体中的良好分散性;结构可设计性使得其具有反应性与功能性,从而制备不同性能的 POSS 单体;优异的热稳定性和阻燃性拓宽了其在阻燃材料上的应用;高反应活性使其能与高分子进行共混改性,形成有机/无机杂化聚合物。正是因为 POSS 分子具备十分对称的纳米级立方体笼型结构,在各处 Si 元素顶点都有能够被自由修饰的活性位点,且其侧链的有机基团可以显著提高其与聚合物基体的相容性,所以 POSS 阻燃体系成为改善 EP 阻燃性能的首要选择对象。

通过与阻燃剂的共混改性是目前提高 EP 阻燃性能最有效的方法,学术界主要集中在对磷系、硅系以及纳米颗粒等阻燃体系的研究。

潘也唐等人[9]用 9,10-二氢-9-氧杂-10-磷杂菲-10-氧化物(DOPO)封装 ATH,并将其命名为 ATH-DOPO,极限氧指数、UL-94 垂直燃烧试验和锥形量热(Cone)测试说明,改性后 EP 的性能可与 2 倍于商品用量的 EP 相当,且改性后的 EP 具有更好的力学性能,其中添加量为 20% 的 EP 达到 V-O 等级,展现出了良好的阻燃性能。Li 等人[10]制备的环氧官能化聚硅氧烷,其中含量为 10% 的 DGEBA 树脂,虽然可以将树脂的 LOI 值从 20.7% 提高到 24.8%,但是不能达到任何 UL-94 等级。然而,当在 5% 的磷酸三酰胺存在下使用时,可获得 30.2% 的 LOI 值并达到 V-1 等级。同时,通过试验进一步研究了该新型 EP(EF-P/Si)的热稳定性,其表现出致密的焦炭结构,起到了一定的保护层的作用,加之 P-Si 的协同效应,使焦炭的热稳定性能得到了提高。Nguyen 等人[11]采用八(丙基甘乙酸醚)多面体低聚硅倍半氧烷(POSS)和多壁碳纳米管(MWCNT)的接枝反应合成了 MWCNT-L-POSS。通过加入 MWCNT-L-POSS 并实现其在 EP 基体中的良好分散,有效的降低了 EP 复合材料在燃烧过程中的总烟雾释速率、总热释放量和热释放速率峰值,提高了环氧树脂的阻燃抑烟性能。张文远等人[12]采用点击反应和中和反应,简易合成了一系列金属多面体低聚硅倍半氧烷盐(POSS-M、M=Li、Na 或 K)。并通过 FT-IR、^{1}H、^{13}C、^{29}Si NMR 和 XRD 谱图证实了 POSS-M 的化学结构;将性能良好的 POSS-M 引入环氧树脂中。含 POSS-Na 的环氧复合材料达到了 UL-94 的 V1 等级,EP/POSS-Na 的 LOI 值达到最高——27.4%。当加入 3% 浓度的 POSS-M 时,EP 复合材料的 p-HRR 下降了 64.2%。目前,已有 120 多种 POSS 单体和试剂被投入工业的生产和应用中,为实现在分子层次上改善材料的物理、化学性能和显著改进传统材料的性能提供了新的方案;同时,国内外对 POSS 单体的改性以及其在 EP 复合材料阻燃上的应用取得了一系列的重大突破。

张其梅等人[13]采用 KH560、三聚氰胺和磷酸为原料合成了磷-氮-POSS 环保型阻燃剂,并探讨了反应温度、反应时间和物料配比对阻燃剂热稳定性能的影响。结果表明,被合成的磷-氮-POSS 环保型阻燃剂初始分解温度为 264 ℃,最大失重速率对应的温度为 331 ℃,最大失重速率测量值为 0.036 mg/K,经 800 ℃热处理后残炭量达到了 27%,这些结果均表明该阻燃剂具有较好的热稳定性能。廖明义等人[14]通过选择引发剂双烷基锂、封端剂氯丙基七异丁基多面体低聚硅倍半氧烷(Cl-POSS),并以丁二烯为单体,环己烷为溶剂,四氢呋喃(THF)作为产物结构的调节剂,采用活性负离子合成方法制备了含有双 POSS 端基官能化的聚丁二烯(POSS-PB-POSS)。TGA 结果证实了 POSS-PB-POSS 汽提产物的热分解温

度均大于 PB 的热分解温度,而失重率却小于 PB,这证明了 POSS-PB-POSS 具有良好的热
稳定性能。POSS-PB-POSS 的合成路线如图 3-3 所示。潘也唐等人[15]以六氯环三磷腈和
八对氨基苯基-POSS 为反应原料,利用无溶剂法,在水热反应釜中利用干法制备了 POSS
基环交联聚磷腈阻燃剂(POSS@HCCP)。研究表明,POSS@HCCP 具备优良的阻燃性能
和出色的耐水功能,这也赋予了其复合材料优异的耐水稳定性,即使在经过持续浸泡的前
提下,其仍能持有较好的阻燃性能。侯博友等人[16]将 ZIF-67 与八羧基 POSS 杂交,去除碱
性配体,形成了一种金属 POSS-有机框架(MPOFs),利用 POSS 与 ZIF-67 微孔的有机基团
和硅纳米笼的尺寸差异,从而产生反向点击效应,重整了 Co 复合物外表面分离的八聚乙烯
POSS,最后通过磷阻燃剂的进一步修饰得到了新型阻燃剂 MPOFs-P,其具有优异的热稳定
性能和良好的分散性能。

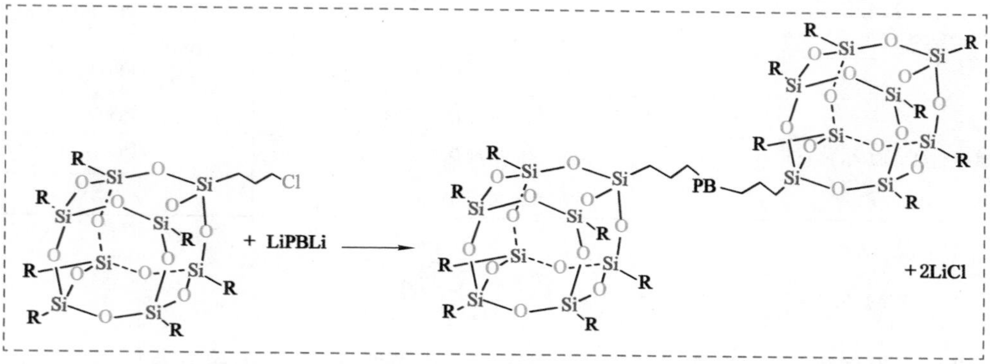

图 3-3　POSS-PB-POSS 的合成路线[13]

环氧树脂在正常情况下十分易燃,从而可能导致火灾事故的发生,且其在无火源情况
下也仍然能剧烈燃烧并产生大量烟雾,严重污染了环境质量。通过对 EP 进行添加阻燃剂
改性可以有效地降低其燃烧的可能性,赋予其良好的阻燃抑烟性能,这对减少火灾事故的
发生、环境的保护以及人们的生活安全提供了一份巨大的保障。如今,国内的环氧树脂产
业依然存在着诸多不足,当下我国大部分的环氧树脂产能都集中在相对低端的型号上,并
且同质化竞争严重,这便导致了国内环氧树脂产业缺少高端竞争力,严重阻碍了此方向的
高性能化发展。探索多功能化、精细化的 EP 复合材料,尤其是在阻燃领域上的应用,能够
有力地推动环氧树脂产业的发展与升级,从而实现我国国民经济更快速的发展。有研究工
作证明,含铜化合物具有明显的抑烟作用和催化碳化作用[17-18],若通过合理的分子结构设
计,利用接枝共聚将其引入 POSS 笼结构中,再将新获得的 POSS 单体与 EP 进行共混改
性,使其在 EP 内实现良好的分散,便可制备一种具有高效阻燃性能、抑烟性能以及热稳定
性能的 EP 复合阻燃材料。此外,金属元素铜的引入及其在基体中的良好分散还使得 EP 分
子间作用力提高,进而增加了 EP 的拉伸以及弯曲力学性能。

本章主要针对 Cu-Ph-POSS 的合成及 EP 阻燃复合材料的制备,并通过 DSC、TG、烟雾
密度测试和锥形量热测试来表征 EP 阻燃复合材料的热稳定性能、阻燃性能以及抑烟性能;
通过扫描电子显微镜(SEM)对不同阻燃剂添加量 EP 燃烧后所形成的炭层进行微观形貌的

表征并进行分析;探索阻燃剂 Cu-Ph-POSS 的添加量对 EP 热稳定性能、燃烧性能、阻燃抑烟性能以及力学性能的影响。

3.2 实验部分

3.2.1 实验原料和设备

实验原料如表 3-1 所列。

表 3-1 主要实验原料

名称	生产厂家	规格
Li-Ph-POSS	自制	—
甲醇	上海麦克林生化科技有限公司	分析纯
$CuCl_2$	上海麦克林生化科技有限公司	分析纯
环氧树脂(DGEBA,E-44)	北京通广精细化工公司	分析纯
氨基砜(DDS)	天津光复精细化工研究所	>98.0%

3.2.2 实验仪器及测试方法

圆底三颈烧瓶、磁力搅拌器(MS-17GB)、减压蒸馏仪、鼓风烘干箱以及环氧树脂固化所用模具(PTFE)。

热失重(TG)分析:采用德国 Netzsch 公司 209 F1 型热重分析仪,升温速率为 10 ℃/min,温度范围为 40～800 ℃,测试样品的质量为 2～3 mg,测试中保护气(高纯氮)的气体流速为 20 mL/min,吹扫气的流速为 50 mL/min,其中吹扫气可选择氮气或空气。

差示扫描量热(DSC)分析:采用德国 Netzsch 公司 DSC 214 仪器,在氮气流(60 mL/min)下进行热行为。首先将样品(6～10 mg)从 25 ℃ 加热到 250 ℃,然后冷却到 25 ℃,最后以 10 ℃/min 的加热速率重新加热到 250 ℃。

通过锥形量热仪获得试样的阻燃抑烟性能数据,设备的入射辐射强度为 50 kW/m²,并按照 ISO 5660 协议进行测量。试样(100 mm×100 mm×3 mm)在没有任何网格的情况下进行水平测量。锥形量热仪测试的特征结果重复性在±10% 内,3 次测量结果平均值。

根据 ISO 5659-2,使用国家统计局烟雾密度测试仪进行烟雾密度测试,样品尺寸为 75 mm×75 mm×1 mm,热流量为 50 kW/m²。

采用日立 S-4800 扫描电子显微镜对 EP 复合材料燃烧后所形成的炭层进行形态学表征。

使用微机控制电子万能试验机(ETM 504C,深圳万测试验设备有限公司)测量了 EP 及其复合材料的拉伸和弯曲性能。参照 GB/T 1040.1—2018 标准进行拉伸性能的测试,测试样条为哑铃状,选择 5 mm/min 的测试速度;弯曲测试按照 GB/T 9341—2008 标准进行,测试速度为 2 mm/min。各组试样经过 5 次测试,误差不超过 10%,取 5 次结果的平均值作为最终测量值。

3.2.3　Cu-Ph-POSS 的合成

首先,将 46.8 g Li-Ph-POSS、6.75 g 氯化铜和 600 mL 甲醇引入干燥的三颈烧瓶中。然后,将混合物的温度加热到 65℃,连续搅拌该混合物 5 h,得到透明的蓝色液体。最后,通过真空蒸馏除去甲醇溶剂,在 80 ℃ 的烘箱中干燥 24～28 h,得到 42.2 g 蓝色固体粉末(Cu-Ph-POSS,产率为 78.8%)。Cu-Ph-POSS 的合成路线如图 3-4 所示。

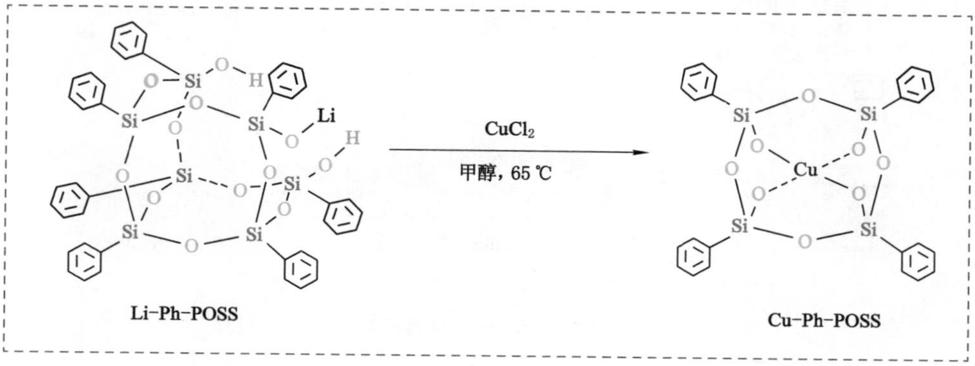

图 3-4　Cu-Ph-POSS 的合成路线

3.2.4　EP/Cu-Ph-POSS 复合材料的制备

首先,在 80 ℃下将环氧树脂 E-44 预热 30 min 降低其黏度,以便于倾倒。其次,将 E-44 和 Cu-Ph-POSS 加入配有机械搅拌的干式三颈圆底烧瓶中。在 140 ℃下连续搅拌 1.5 h,以确保 Cu-Ph-POSS 在 E-44 液体中均匀分散。再次,将固化剂(DDS)加入混合物中,搅拌 15 min。最后,将获得的混合物倒入已经预热的 PTFE 模具中,并在 180 ℃ 下固化 4 h。EP/Cu-Ph-POSS 复合材料的制备及其固化过程如图 3-5 所示,EP 和 EP/Cu-Ph-POSS 复合材料的组成列于表 3-2 中。

表 3-2　EP 和 EP/Cu-Ph-POSS 复合材料各组分的质量

样品	各组分的质量/g		
	E-44	DDS	Cu-Ph-POSS
EP	324	72	0
EP-0.5	324	72	2.0(0.5%)
EP-1	324	72	4.0(1%)
EP-2	324	72	8.0(2%)

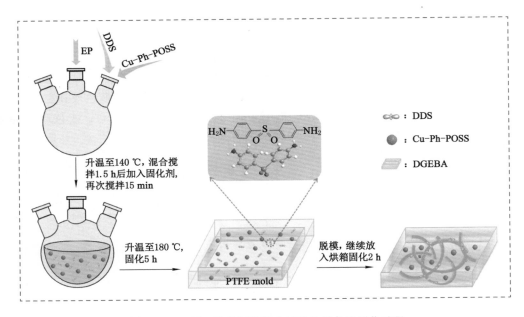

图 3-5　EP/Cu-Ph-POSS 复合材料的制备及固化过程

3.3　Cu-Ph-POSS 化学结构表征

3.3.1　Cu-Ph-POSS 的 FTIR 分析

　　由 Li-Ph-POSS、Cu-Ph-POSS 和 CuCl$_2$ 的红外光谱测试结果（图 3-6）可以看出，对于 Li-Ph-POSS，其在 1 100～900 cm^{-1} 处出现了多个 Si—O 键的多个吸收峰，这代表在含锂的七苯基硅倍半氧烷中含有多个 Si—O 键；而对于 Cu-Ph-POSS，Si—O—Si 的特征峰吸收强度减弱。还可以看出，Li-Ph-POSS 谱中 3 076 cm^{-1}、3 039 cm^{-1} 和 3 009 cm^{-1} 处的吸收峰是苯环上的 C—H 伸缩振动峰，而在 Cu-Ph-POSS 谱中仍然保留了 3 100～2 970 cm^{-1} 的吸收峰。类似的情况还有：Li-Ph-POSS 谱中的 1 430 cm^{-1} 与 Cu-Ph-POSS 谱中 1 429 cm^{-1} 都是苯环结构中的 C—C 键；Li-Ph-POSS 谱中的 1 127.5 cm^{-1} 与 Cu-Ph-POSS 谱中 1 128 cm^{-1} 均为 Ph-Si 基团；Li-Ph-POSS 谱中的 1 583 cm^{-1} 与 Cu-Ph-POSS 谱中 1 593.3 cm^{-1} 均为苯环结构中的 C＝C 键。在 Cu-Ph-POSS 谱中，965 cm^{-1} 处的吸收峰是 Si—O—Cu 键，在 Li-Ph-POSS 谱与 CuCl$_2$ 谱中均未在此位置出现吸收峰，说明该结构是 Cu-Ph-POSS 中独有的，也是 Li-Ph-POSS 与 CuCl$_2$ 反应后新生成的结构，证明了 Li-Ph-POSS 与 CuCl$_2$ 发生了化学反应。而在关于 CuCl$_2$ 的谱中，代表着 Cu-Cl 键的伸缩振动峰在 Cu-Ph-POSS 谱中并未出现，更加证明了反应发生。

3.3.2　Cu-Ph-POSS 的 ^{29}Si NMR 分析

　　图 3-7 所示为 Cu-Ph-POSS 的 ^{29}Si NMR 测试谱。可以看出，Cu-Ph-POSS 只有一个硅

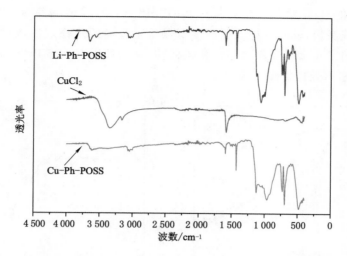

图 3-6　Li-Ph-POSS、Cu-Ph-POSS 和 CuCl₂ 的红外光谱测试谱

原子共振信号峰,而该峰位置出现在化学位移为 -84.25×10^{-6} 的位置,说明 Cu-Ph-POSS 分子结构中的硅原子具有单一的化学环境。

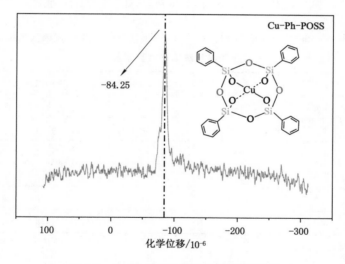

图 3-7　Cu-Ph-POSS 的 ²⁹Si NMR 测试谱

3.3.3　Cu-Ph-POSS 的热稳定性分析

如图 3-8 和表 3-3 所示,Cu-Ph-POSS 的初始热分解温度(T_{onset} 定义为质量分数损失 5% 对应的温度)为 262 ℃,而 Li-Ph-POSS 的初始热分解温度为 406 ℃。可以看出,前者的 T_{onset} 值明显低于后者。Cu-Ph-POSS 的最大热失重速率所对应的温度分别为 299 ℃ 和 592 ℃,Li-Ph-POSS 的最大热失重速率所对应的温度为 513 ℃。通过对比可以看出,在第一次出现最大热失重速率时,Cu-Ph-POSS 所对应的温度明显向低温移动,这是由于 Cu 元素对抑制 POSS 体系热分解的能力低于 Li 元素的抑制作用而造成的。由表 3-3 可知,在 800 ℃ 条件

下，Cu-Ph-POSS 的残炭量为 62.4%，而 Li-Ph-POSS 的残炭量为 52.2%，明显低于 Cu-Ph-POSS 的残炭量，说明该物质在高温下保持了较高的热稳定性，非常有利于阻燃效果。这可能是由于 Cu 元素与 Si 元素的协同效应，从而使得 Cu-Ph-POSS 的催化炭化性能优于 Li-Ph-POSS，有效地提高了成炭量。

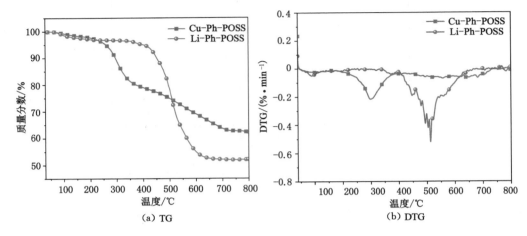

图 3-8　Cu-Ph-POSS 与 Li-Ph-POSS 的 TG 与 DTG 曲线

表 3-3　Li-Ph-POSS、Cu-Ph-POSS、EP、EP-0.5、EP-1 和 EP-2 在氮气气氛下的

热重数据以及玻璃化转变温度(T_g)

试样	$T_{onset}/℃$	$T_{max1}^a/℃$	$T_{max2}^b/℃$	800 ℃下的残炭量/%	$T_g/℃$
Li-Ph-POSS	406	513	—	52.2	—
Cu-Ph-POSS	262	299	592	62.4	—
EP	377	419	—	11.1	123.8
EP-0.5	363	417	—	12.3	157.6
EP-1	362	416	—	13.6	159.2
EP-2	357	413	—	14.4	162.9

注：a,b T_{max} 为最大减重率下的温度。

3.4　EP/Cu-Ph-POSS 复合材料的性能

3.4.1　EP/Cu-Ph-POSS 热性能分析

由图 3-9 和表 3-3 可知，纯 EP 的初始分解温度为 406 ℃，最大热失重速率对应的温度为 419 ℃，而将不同含量的阻燃剂 Cu-Ph-POSS 加入基体 EP 后，其不论是初始热分解温度，还是最大热失重速率对应的温度，均向温度降低的方向移动。由复合材料的 DTG 曲线［图 3-9(b)］可知，随着 Cu-Ph-POSS 的添加量逐渐增加，虽然 EP 的热失重峰得到了提前，但热失重速率峰值越来越低。除此之外，由表 3-3 可知，在 800 ℃ 条件下，残炭量由纯 EP 的 11.1％增加到 EP-2 的 14.4％，出现了一定量的提升。以上结果说明，在热分解的过程中，Cu-Ph-POSS 在一定程度上促进了 EP 的提前分解，同时促进了凝聚相降解产物的生成。由于所生产的降解产物能对成炭起到一定的促进作用，因而其反而能进一步抑制 EP 的分解，有效控制了其失重速率。

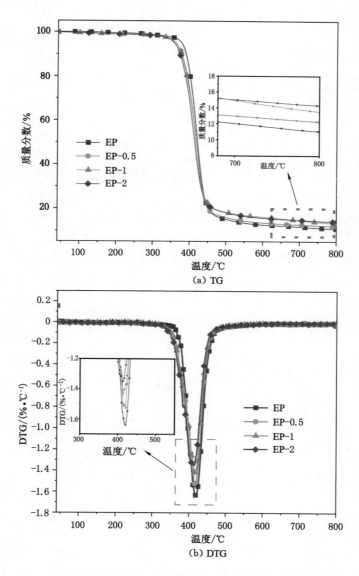

图 3-9　氮气气氛下 EP 及其复合材料的 TG 和 DTG 曲线

如图 3-10 所示，通过对比 EP 与 EP-2 的 DTG 曲线可以发现，EP-2 曲线中出现了三处热失重速率峰。这是由于 Cu-Ph-POSS 的加入，其初始热分解温度相比于 EP 较小，因而造成了在不同温度下的热失重速率峰。

对于不同 Cu-Ph-POSS 添加量的 EP 复合材料的 DSC 曲线以及玻璃化转变温度数据

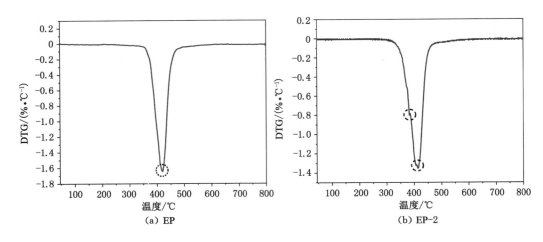

图 3-10　氮气气氛下 EP 及 EP-2 的 DTG 曲线

如图 3-11 和表 3-3 所示,随着 Cu-Ph-POSS 添加量的增加,EP 复合材料的 T_g 值从纯 EP 的 123.8 ℃增加到了 EP-2 的 162.9 ℃,相对提高了 31.6％,说明 Cu-Ph-POSS 的加入能够有效地提高 EP 的耐热性能,扩大了其在高温环境下的使用范围。造成 T_g 升高的原因可能是:Cu-Ph-POSS 在 EP 基体中实现了良好的分散,而这种分散作用使得 EP 分子链间的相互作用力得到了提高,分子链运动受到了一定的抑制,进而使得 T_g 升高。

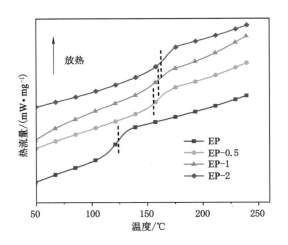

图 3-11　氮气气氛下 EP 及其复合材料的 DSC 曲线

通过上述结果的分析,我们可以得出以下结论:Cu-Ph-POSS 的初始热分解温度相对于 Li-Ph-POSS 较低,其残炭量达到了 62.4％,高于 Li-Ph-POSS 的 52.2％,说明 Cu-Ph-POSS 的催化炭化能力高,在高温下保持了较高的热稳定性,有利于阻燃效果。阻燃剂 Cu-Ph-POSS 的加入能够促进 EP 的热分解与炭的形成,EP 的初始分解温度(T_{onset})以及最大热失重速率对应的温度会随着阻燃剂的加入而发生降低,但所降低的差值较小,对 EP 复合材料热稳定性能的影响不是很大;阻燃剂 Cu-Ph-POSS 的加入能够降低 EP 复合材料的热失重速率,而且可以明显提高其在高温下的残炭量,加入量越大,其催化成炭效果就越好;同时,阻燃剂

Cu-Ph-POSS 的加入也可以提高 EP 复合材料的 T_g 值，添加量越大，T_g 值就越高。

3.4.2　EP/Cu-Ph-POSS 燃烧性能分析

采用了 Cone 测试和烟密度测试来研究 EP 及其复合材料的燃烧性能，相关的测试数据（表 3-4）及图像（图 3-12 至图 3-16）。通过 Cone 测试得到了以下指标：TTI、p-HRR、p-SPR（烟雾释放速率峰值）、THR、TSP、TSR、COP、CO_2P 以及 D_s，这对标准材料的阻燃抑烟性能有十分重要的意义。

表 3-4　EP 及其复合材料的锥形量热测试和烟密度测试数据

试样	EP	EP-0.5	EP-1	EP-2
TTI/s	36±2	27±1	29±2	40±3
p-HRR/(kW·m⁻²)	1074±25	915±22	666±18	464±15
p-SPR/(m²·s⁻¹)	0.45±0.03	0.39±0.02	0.28±0.02	0.25±0.01
THR/(MJ·m⁻²)	100±9	93±8	86±6	78±5
TSP/(m²·kg⁻¹)	44.0±0.2	35.5±0.2	31.5±0.03	33.6±0.1
TSR/(m²·m⁻²)	4 993.2±0.1	4 045.5±0.3	3 566.6±0.2	3 813.3±0.2
D_s	966±32	817±29	745±25	660±18
p-COP/(g·s⁻¹)	0.032±0.002	0.025±0.002	0.017±0.001	0.013±0.001
p-CO_2P/(g·s⁻¹)	0.65±0.04	0.56±0.03	0.38±0.03	0.28±0.02

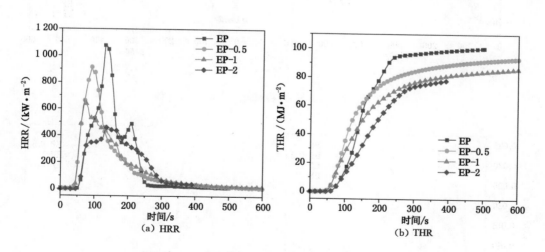

图 3-12　EP 及其复合材料的 HRR 和 THR 曲线

由表 3-4 可知，在没有添加阻燃剂的 EP 的点燃时间为（36±2）s，而随着 Cu-Ph-POSS 的添加量逐渐增加，点燃时间发生了先减少后增加的变化趋势，这可能是由以下原因所导致：

（1）阻燃剂 Cu-Ph-POSS 的加入使得 EP 固化交联密度发生了降低。

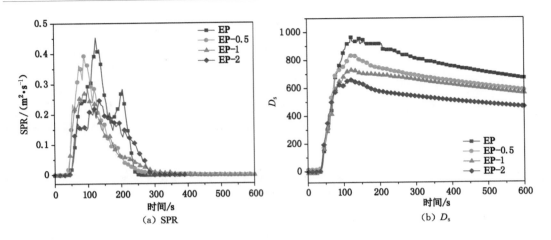

(a) SPR

(b) D_s

图 3-13　EP 及其复合材料的 SPR 和烟密度曲线

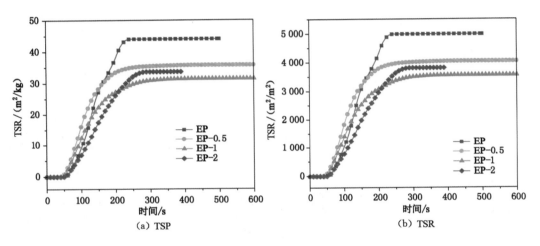

(a) TSP

(b) TSR

图 3-14　EP 及其复合材料的 TSP 和 TSR 曲线

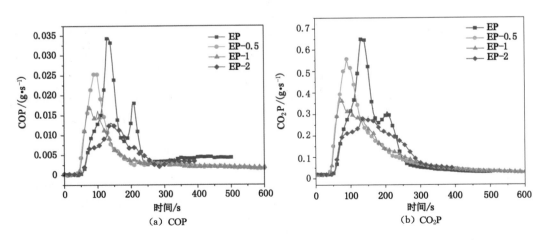

(a) COP

(b) CO₂P

图 3-15　EP 及其复合材料的 COP 和 CO₂P 曲线

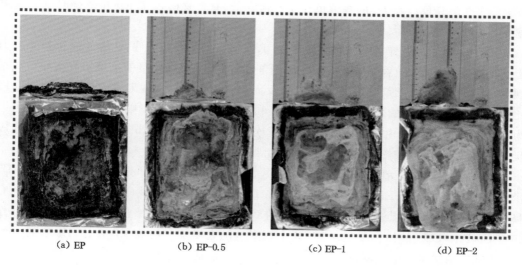

(a) EP　　　　　(b) EP-0.5　　　　　(c) EP-1　　　　　(d) EP-2

图 3-16　EP、EP-0.5、EP-1 和 EP-2 的外部残炭形貌

（2）阻燃剂 Cu-Ph-POSS 的加入促进了 EP 在较低温度下的催化降解。

（3）阻燃剂 Cu-Ph-POSS 的加入使得 EP 分解后可燃气体的释放量发生降低，进而反过来抑制了 EP 的分解。

当阻燃剂 Cu-Ph-POSS 的添加量为 0.5％和 1％时，影响因素（1）和（2）起到主要作用，其点燃所需要的时间要比纯 EP 要短。当阻燃剂 Cu-Ph-POSS 的添加量达到 2％时，此时影响因素（3）占据了主导地位，从而导致了 EP-2 的点燃时间反过来增加，甚至大于纯 EP 的数值。

试样燃烧时的热释放速率和总热释放量随时间的变化曲线如图 3-12 所示。可以看出，纯 EP 在燃烧时的速度很快，并迅速达到热释放速率峰值（1 074±25）kW/m²，且其在完全燃烧后的总热释放量为（100±9）MJ/m²。通过对比可以发现，随着 Cu-Ph-POSS 的添加量逐渐增加，试样的 p-HRR 以及 THR 数值在不断地降低，降低幅度也随之增加。与纯 EP 相比，EP-2 的 p-HRR 和 THR 测量值分别降低了 56.8％和 22％，在很大程度上降低了纯 EP 的燃烧速度、燃烧的剧烈程度以及热释放量。

由表 3-3 可知，纯 EP 的最终残炭量为 11.1％，当 Cu-Ph-POSS 的添加量为 2％时，残炭量达到 14.4％，相对提高 129.7％。研究表明，Cu-Ph-POSS 在燃烧的过程中，其催化所产生的致密残炭层起到了凝聚相阻燃的作用，这不仅起到了阻隔 O_2 和热量的作用，还进一步保护了没有分解的 EP 基体。因此，阻燃剂 Cu-Ph-POSS 的引入可以显著地降低 EP 的 p-HRR 和 THR 的测量值。

试样燃烧时的 SPR 和 D_s 随时间的变化曲线如图 3-13 所示。可以看出，纯 EP 在燃烧时的烟雾释放速率很快，烟雾释放速率峰值为 0.45±0.03 m²/s，其比消光密度，即单位面积试样产生的烟雾量为 966±32；与 EP-2 相比，EP-2 的 p-SPR 和 Ds 的测量值分别减低了 44.4％和 31.7％。虽然经阻燃剂改性后的 EP 与纯 EP 相比，其在达到最大烟密度的时间与之十分接近，但是最终的烟密度数值却极大降低。同时，随着 Cu-Ph-POSS 的添加量的增加,试样的 p-SPR 以及 D_s 的数值也在不断地降低,有效地降低了 EP 在燃烧时烟雾的释放速率以及烟雾密度的大小。

图 3-14 所示为试样在燃烧时的 TSP 和 TSR 随时间的变化曲线,两者的变化趋势较为接近。值得注意的是,随着 Cu-Ph-POSS 阻燃剂添加量的增加,测量值出现了先增加后减小的现象,这意味着当阻燃剂含量达到 2% 时,反而不利于提高抑烟效果。但是,将 EP-1 与 EP-2 比较,其 TSP 和 TSR 的数值仅增加了 6.9% 和 6.3%,相对来说影响还是比较小的。可以认为,抑烟效果的提高是由于经过改性后的 EP 分解率较低,且 Cu-Ph-POSS 的存在使得形成的炭层更加致密,因而在燃烧过程中所释放的烟雾较少。

试样燃烧时的 CO 释放速率峰值与 CO_2 释放速率峰值随时间的变化曲线如图 3-15 所示。通过观察对比纯 EP 以及经 EP/Cu-Ph-POSS 阻燃改性后试样的 CO 释放速率与 CO_2 释放速率曲线可以明显发现,改性后试样的 CO 和 CO_2 释放速率得到了显著的降低,并且随着 Cu-Ph-POSS 的添加量的增加,减小幅度也随之增加。与纯 EP 相比,EP-2 的 p-COP 和 p-CO_2P 的测量值分别降低了 59.4% 和 56.9%,这证实了 Cu-Ph-POSS 阻燃剂能够减少 EP 在燃烧时有害气体的释放。

通过上述结果的分析,我们可以得出以下结论:阻燃剂 Cu-Ph-POSS 的加入可以有效地降低纯 EP 的点燃时间、热释放速率、烟雾释放速率、总热释放量、总烟雾释放量、总烟雾释放速率、CO 及 CO_2 释放速率峰值和烟密度的数值大小,且随着 Cu-Ph-POSS 加入量的增多,降低趋势会越来越显著。总的来说,经 Cu-Ph-POSS 改性后的 EP 具有非常不错的阻燃抑烟性能,且 Cu-Ph-POSS 在前期作为异相成炭使得 EP 基体提前成炭,减少了燃烧过程中有毒气体和热量的释放,进而所形成的火灾危害性大大降低。

3.4.3 EP/Cu-Ph-POSS 残炭形貌分析

EP 及其复合材料经过锥形量热测试后所得到的外部残炭形貌宏观形貌如图 3-16 所示。通过对比观察可知,其各形貌之间存在着明显的差别,尤其是纯 EP 和经阻燃剂 Cu-Ph-POSS 改性后的 EP 的残炭呈现大相径庭的状态。可以看出,纯 EP 燃烧后的残炭多呈现黑色,其结构比较松散,可以推断此种类的炭层并不能在 EP 燃烧时起到一定的阻燃作用,且残留量不多,而随着 Cu-Ph-POSS 的添加量的增加,残炭的残留量也逐渐变多。

从俯视图可以看出,经阻燃剂改性后 EP 的残炭表面显得更加致密与紧凑,此种形貌的残炭层便能够为未分解的 EP 基体阻隔 O_2 及防止热量的释放,有效地提高了 EP 的阻燃性能。其颜色为灰白色,说明所形成炭层的强度并不是很高。与此同时,通过测量炭层的高度可以发现,随着 Cu-Ph-POSS 添加量的增加,其高度呈现逐步增加趋势,发生了显著的膨胀。

如图 3-17 所示,选择通过对 EP 和 EP-2 进行了扫描电子显微镜测试,并得到了其内部炭残基微观形貌。由此可知,纯 EP 的内部炭层含有大量的裂纹以及孔隙,而裂纹和孔隙的存在是造成炭层密度降低和疏松度增加的主要原因;与纯 EP 相比,EP-2 的内部炭层具有较好的形貌,其表面光滑且致密,这赋予了其一定的阻挡有害气体逸出的能力。除此之外,我们可以发现 EP-2 的内部炭层表面存在着一些囊泡,这是由于燃烧过程中所产生的大量挥发物所导致的,也证实了其致密炭层对气体产物的阻挡能力。值得一提的是,燃烧过程所产生的气体产物之所以能与内部残炭所结合,可能和 Cu-Ph-POSS 的催化作用有关。

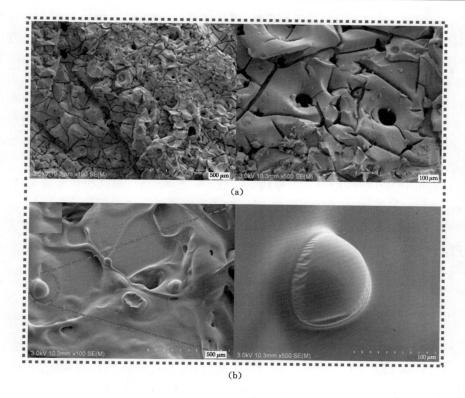

图 3-17　EP 及 EP-2 的内部残炭基形貌

3.4.4　EP/Cu-Ph-POSS 力学性能分析

　　作为在生活中比较常用的 3 大热固性树脂之一,EP 拥有极其广泛的使用范围及应用领域,故在探索提高纯 EP 的阻燃抑烟以及耐热性能的基础之上,还需要进一步研究其力学性能,从而获得在各方面均具有优异性能的阻燃复合材料。EP 及其复合材料的抗拉强和弯曲强度如图 3-18 所示。

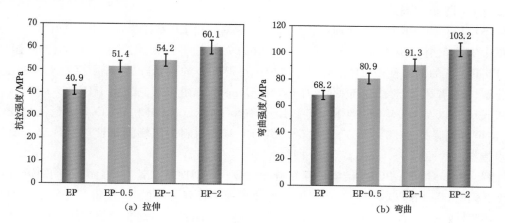

图 3-18　EP 及其复合材料的抗拉强度和弯曲强度

　　EP/Cu-Ph-POSS 复合材料属于聚合物/填料体系。一般来说,填料的掺入会对聚合物复合材料的力学性能产生一定的影响,影响程度主要取决于填料的规格、添加量、与基体相容性的好坏以及填料与基体之间相互作用力的大小。通过对比可以发现,Cu-Ph-POSS 的加入能够提高 EP 拉伸和弯曲强度的大小,且随着添加量的增加,复合材料的拉伸和弯曲强度均出现增强的趋势。与纯 EP 相比,EP-2 的拉伸和弯曲强度的测量值达到了 60.1 MPa 和 103.2 MPa,分别增加了 46.9% 和 51.3%。EP 复合材料的拉伸强度和弯曲强度的提高意味着其具有了更大的刚性,其力学性能随着 Cu-Ph-POSS 的加入也得到了显著改善。通过进一步分析可知,EP 复合材料力学性能的提高主要原因如下:

　　(1) Cu-Ph-POSS 结构中含有大量的 Si—O—Si 笼状骨架,而这些骨架属于刚性结构,将其引入 EP 中会大大提高基体的刚度,进而拉伸强度提高。

　　(2) Cu-Ph-POSS 与 EP 具有较好的相容性,实现了其在基体中的良好分散,加之 Cu-Ph-POSS 与 EP 分子链之间界面相互作用的改善,这同样也使得 EP 复合材料的刚性得到了提高。

3.5　本章小结

　　在寻找一种阻燃抑烟效果更好、相容性更加优良、添加量更少的阻燃剂的宗旨下,本书选取 Li-Ph-POSS 和 $CuCl_2$ 为原料,通过"一锅法"制备了一种含金属 Cu 元素的 POSS 阻燃体系,并将其应用到 EP 中,加之一系列的表征与分析,得出了以下结论。

　　(1) 由于 Cu-Ph-POSS 较好的催化炭化能力,一方面使得其本身具有了高温下不易分解性质,残炭量达到了 62.4%;另一方面提高了 EP 基体在高温下的残炭量,促进了 EP 的热分解与炭的形成。当 Cu-Ph-POSS 的加入量达到 2% 时,EP 的初始分解温度以及最大热失重速率对应的温度分别减少到 357 ℃和 413 ℃,但相比之下降低的差值较小,故对 EP 复合材料热稳定性能的影响也较小,并且阻燃剂加入量越大,催化成炭效果就越好。

　　(2) 由于 Cu-Ph-POSS 在 EP 基体中的良好分散,因而 EP 分子链间的相互作用力得到了提高,分子链运动也受到了一定的抑制,进而使得 T_g 值相对于 EP 增加了 31.6%,且加入量越大,T_g 值越高。

　　(3) 由于 Cu-Ph-POSS 在前期作为异相成炭剂使得 EP 基体提前成炭,因而减少了燃烧过程中有毒气体和热量的释放,进而所形成的火灾危害性大大降低。除此之外,阻燃剂 Cu-Ph-POSS 的加入使得 EP 分解时所释放的可燃气体的含量降低,进而反过来抑制了 EP 的分解。随着阻燃剂添加量的增加,各项 Cone 测试指标(TTI、p-HRR、p-SPR、THR、COP、CO_2P 以及 D_s)均随之下降,其中 EP-2 的 p-HRR、p-COP 和 p-CO_2P 测量值相较于纯 EP 甚至分别降低 56.8%、59.4% 和 56.9%,EP 复合材料的阻燃抑烟性能呈现出了明显的增强趋势。

　　(4) 由于 Cu-Ph-POSS 结构中存在着 Si—O—Si 刚性笼状骨架,因而提高了 EP 基体的刚度。同时,Cu-Ph-POSS 与 EP 较好的相容性实现了良好的分散,并使得其之间的界面相互作用增强,故 EP 复合材料的韧性也得到了明显提高。随着阻燃剂含量的增加,力学性能就越好,且经过含量为 2% 阻燃剂改性后的 EP 的拉伸和弯曲强度分别增加了 46.9% 和 51.3%。

（5）对通过锥形量热实验所形成的残炭进行分析。在宏观外部炭层上，经 Cu-Ph-POSS 改性后 EP 的残炭表面显得更加紧凑，且随阻燃剂添加量的增加，炭层高度也随之增加；在微观内部炭层上，内部炭层展现出光滑且致密的形貌，并带有一定的囊泡，这是由于致密炭层对燃烧所产生的气体的阻挡所造成的。

本章参考文献

［1］刘术敬，朱鹏，扈昊，等.笼型倍半硅氧烷的制备及其在阻燃聚合物中的应用概述［J］.高分子通报，2022(6)：22-35.

［2］叶小林，许志彦，许松江，等.硫元素在磷杂菲基阻燃环氧树脂中的作用［J］.高分子材料科学与工程，2022,38(11)：58-65.

［3］高嘉祥，靳昕怡，肖杨，等.环氧树脂的阻燃改性研究进展［J］.北京服装学院学报（自然科学版），2022,42(4)：83-91.

［4］厉安昕，周丽，何鑫，等.环氧树脂阻燃剂的研究进展［J］.现代塑料加工应用，2022,34(3)：53-55.

［5］刘琳琳，王文庆，王锐.POSS 在聚合物中的阻燃应用研究进展［J］.北京服装学院学报（自然科学版），2021,41(1)：73-82.

［6］刘磊春，吴义维，张文超，等.八氨苯基低聚硅倍半氧烷改性环氧树脂的力学和阻燃性能［J］.高分子材料科学与工程，2021,37(3)：50-58.

［7］KANDOLA B K, MAGNONI F, EBDON J R. Flame retardants for epoxy resins: application-related challenges and solutions［J］. Journal of vinyl and additive technology, 2022,28(1)：17-49.

［8］JIANG J L, SHEN J B, YANG X, et al. Epoxy-functionalized POSS and glass fiber for improving thermal and mechanical properties of epoxy resins［J］. Applied sciences, 2023,13(4)：2461.

［9］PAN Y T, ZHANG L, ZHAO X M, et al. Interfacial engineering of renewable metal organic framework derived honeycomb-like nanoporous aluminum hydroxide with tunable porosity［J］. Chemical science, 2017,8(5)：3399-3409.

［10］LI J L, WANG H Y, LI S C. A novel phosphorus-silicon containing epoxy resin with enhanced thermal stability, flame retardancy and mechanical properties［J］. ACS applied polymer materials, 2019,164(6)：36-45.

［11］NGUYEN V H, MANH VU C, THI H V. MWCNT grafted with POSS-based novel flame retardant-filled epoxy resin nanocomposite: fabrication, mechanical properties, and flammability［J］. Composite interfaces, 2021,28(9)：843-858.

［12］ZHANG W Y, ZHENG Z J, ZHANG M Y, et al. Facile synthesis of alkali metal polyhedral oligomeric silsesquioxane salt and its application in flame-retardant epoxy resins［J］. ACS applied polymer materials & interfaces, 2023,5(5)：3848-3857.

［13］张其梅，张俊，博冠锋，等.磷-氮-POSS 环保阻燃剂的制备及性能研究［J］.山东化工，

2022,51(20):58-60.

[14] 廖明义,宋雅婷,李双珑,等.负离子合成双 POSS 端基官能化聚丁二烯的制备和耐热性能[J].高分子材料科学与工程,2021,37(11):38-44.

[15] 潘也唐,宋昆朋,吴川,等.干法合成 POSS 基环交联聚磷腈阻燃环氧树脂实验研究[J].塑料科技,2022,50(2):6-9.

[16] HOU B Y,ZHANG W Y,LU H Y,et al. Multielement flame-retardant system constructed with metal POSS-organic frameworks for epoxy resin[J]. ACS applied materials & interfaces,2022,14(43):49326-49337.

[17] HONG J,WU T,WANG X,et al. Copper-catalyzed pyrolysis of halloysites @ polyphosphazene for efficient carbonization and smoke suppression[J]. Composites part B:engineering,2022,230:109547.

[18] XIAO Y L,MA C,JIN Z Y,et al. Functional covalent organic framework illuminate rapid and efficient capture of Cu（Ⅱ）and reutilization to reduce fire hazards of epoxy resin[J]. Separation and purification technology,2021,259:118119.

第 4 章　七苯基硅倍半氧烷钠盐阻燃环氧树脂

4.1　引言

　　高分子材料因其具有优异的耐腐蚀性、轻便且易加工的独特优点而广泛应用于我们的日常生活中,但它们中的大多数是极其易燃的,并且在燃烧过程中会释放出大量的烟雾和有毒气体[1-2]。其中,环氧树脂(EP)在实际生产中的应用就受到了其自身易燃性的严重限制[3-4]。为了克服这个缺点,一个有效的方法就是将阻燃剂添加到 EP 中,以增强其阻燃性能[5-10]。

　　将含卤族(主要为 F、Cl 和 Br)元素的阻燃剂添加到高分子聚合物基体中可达到比较满意的阻燃效果。尽管如此,含卤族元素的化合物在燃烧过程中会产生具有腐蚀性的有毒气体,这些有毒的气态挥发物会引起严重的环境问题。因此,含卤阻燃剂应用受到限制[11-12]。此外,金属氧化物和金属氢氧化物常被用作无卤阻燃剂和抑烟剂以改善高分子聚合物的阻燃和抑烟性能。但是,此类物质通常需要很大的添加量才能达到所需的阻燃和抑烟效果[13-14],而大量的添加必然会弱化所形成的复合材料的机械性能。

　　近年来,随着复合材料制备技术的发展,对于阻燃剂的合成及应用产生了新的认知。由于无卤纳米级阻燃剂在极低的添加量下能够发挥出色的阻燃性能,因而其制备越来越受科研工作者的关注[15-17]。多面体低聚硅倍半氧烷(POSS)被认为是一种极为有效的零维无毒、不含卤、环境友好型的有机 - 无机杂化纳米级硅系阻燃剂[18-19]。本课题组前期成功制备了七苯基硅倍半氧烷三硅醇(T_7-Ph-POSS)[20]和含磷元素的 POSS[21]。然而,据文献报道,单独添加 T_7-Ph-POSS 到 EP 中并不会带来令人满意的阻燃效果。当 T_7-Ph-POSS 和一种含铝的催化剂复配使用时,T_7-Ph-POSS 在 EP 基体中分散粒径明显减小,进而所得复合材料的阻燃性能被显著提高[22]。

　　此外,某些特定的金属元素在燃烧过程中能够发挥出色的催化成炭性能,进而达到减少有毒气体的释放量[23]。王德义课题组合成了苯基磷酸铜(CuPP)纳米片,并将其以 4％的添加量引入 EP 中,实验证明:添加了 CuPP 可以显著提升所得复合材料的极限氧指数(LOI)值,并可以减少燃烧过程中热量和有毒气态挥发物的释放[24]。胡源课题组制备了包裹有 MoS_2 纳米层(MoS_2-CNT)的碳纳米管(CNT),并将其运用于阻燃 EP,测试结果表明所得复合材料在燃烧过程中产生的有毒气体(CO)和其他气态产物显著减少[25]。因此,如果通过化学合成方法能够实现将某些特定的金属元素接枝到 POSS 纳米笼上,那么就可能得到含金属元素的 POSS[26-27],这类物质将会结合 POSS 和金属元素的双重优点。然而,目前由于合成原料价格相对昂贵和合成过程较为复杂,很少有关于金属硅倍半氧烷(M-POSS)用作高分子材料阻燃剂的研究。

从环境保护、火安全和简化合成过程的角度考虑,本章通过简单的"一锅法"成功制备了一种不完全缩聚七苯基硅倍半氧烷钠盐(Na-Ph-POSS)。然后,以相同的添加量将 T_7-Ph-POSS 和 Na-Ph-POSS 添加到 EP 中,POSS 纳米笼中微量钠元素对所形成的 EP 复合材料阻燃性能的影响进行了详细的研究。最后,首次提出钠和硅元素的协效阻燃和抑烟机理。

4.2 实验部分

4.2.1 实验原料

本章涉及的原料见表 4-1。

表 4-1 主要实验原料

名称	生产厂家	规格
丙酮	北京化学试剂公司	分析纯
氢氧化钠	北京科密欧有限公司	分析纯
苯基三乙氧基硅烷	荆州市江汉精细化工有限公司	>99%
七苯基硅倍半氧烷三硅醇(T_7-Ph-POSS)	实验室合成	—
去离子水	北京化学试剂公司	分析纯
环氧树脂(DGEBA,E-44)	肥城德源化工有限公司	分析纯
氨基砜(DDS)	天津光复精细化工研究所	>98%

4.2.2 测试仪器和方法

红外光谱仪(FTIR):美国 Nicolet 公司生产的 6700 型傅里叶红外光谱仪,扫描次数采用 32 次,分辨率为 4 cm^{-1},扫描范围为 400～4 000 cm^{-1}。

核磁共振仪(NMR):瑞士 Bruker 公司生产的 Avance 600 NMR(600 MHz)波谱仪,^{1}H NMR 和 ^{13}C NMR 的所用溶剂为 $CDCl_3$,^{1}H NMR 以四甲基硅氧烷为内标物,^{13}C NMR 无内标物。

基质辅助激光解吸电离飞行时间质谱仪(MALDI-TOF MS):瑞士 Bruker 公司制造,Biflex III 型质谱仪,仪器带有脉冲氮激光结构,激光波长 λ=337 nm,脉冲宽度为 3 ns,平均功率为 5 mW。检测模式为正离子模式,所获得的质谱图为 50 次激光扫描的累加图。为了促进分子离子的形成,该测试采用 α-氰基-4-羟基肉桂酸基质(CHCA)并加入氯化钠和氯化钾混合盐。

热失重(TG)分析:德国 NETZSCH 公司 209F1 型热重分析仪,升温速率为 10 ℃/min,温度范围 40～800 ℃,测试样品的质量 2～3 mg,测试中保护气(高纯氮)的气体流速

20 mL/min,吹扫气的流速为 50 mL/min,其中吹扫气可选择氮气或空气。

差示扫描量热仪(DSC):由德国 NETZSCH 公司生产,型号为 204 F1 型。样品质量为 6~8 mg,保护气和吹扫气均为纯度为 99.99% 的氮气,流量分别设置为 60 mL/min 和 20 mL/min。测试样品需经历 4 个温度段:① 从 25 ℃升温至 300 ℃;② 在 300 ℃恒温 2 分钟;③ 从 300 ℃降温至 25 ℃;④ 再从 25 ℃升温至 300 ℃。本章中的 DSC 曲线是从第二次升温阶段中获得的结果。在整个测试期间,升温速率为 10 ℃/min,降温速率为 20 ℃/min。

复合材料淬断面扫描电子显微镜(SEM)和透射电子显微镜(TEM)分析:日立 S-4800 扫描电子显微镜(SEM)观察 Na-Ph-POSS 在 EP 复合材料中分散状态。通过能量色散 X 射线光谱法(EDXS EX-350)验证冷冻淬断表面 Si 元素的分布。

光学性质分析:通过 TU-1901(Puxi General Equipment)紫外-可见光分光光度计测定。

力学性能测试:采用 DXLL-5000 型电子拉力试验机,上海登杰机器设备有限公司,拉伸测试根据 GB/T 1040.2—2022 标准,所采用的样条为标准的哑铃状样条,标距是 50 mm,宽(厚)度为 4 mm,采用的拉伸速率是 2 mm/min;弯曲强度的测试根据 GB/T 2567—2008 标准,样品尺寸为 100 mm×15 mm×4 mm,测试的最大速率为 2 mm/min。

锥形量热(Cone)测试:根据 ISO 5660-1—2015 标准,采用英国 FTT 的锥形量热仪进行测试分析。辐照功率 50 kW/m²。样品尺寸 100 mm×100 mm×3 mm,测试过程样品水平放置。书中的 Cone 数据均为三次测量的平均值,且三次测量数据的误差范围为±10%。

烟密度(Smoke Density)测试:NBS 烟气密度测试仪(Motis Fire Technology Co.,Ltd.),根据 ISO 5659-2:2017 国际标准,样品尺寸为 75 mm×75 mm×1 mm,辐照功率 25 kW/m²,采用无焰模式。

X 射线光电子能谱分析(XPS):日本 Ulvac-PHI 公司 Quantera Ⅱ 型(Ulvac-PHI)X 射线光电子能谱仪,测试结果是在 250 W(12.5 kV,20 mA)和高于 10^{-6} Pa(10^{-8} Pa)的真空下获得的,XPS 的特征结果误差值在±3%。

热重-红外联用(TG-FTIR)测试:德国 NETZSCH 公司 209F1 型热重分析仪与傅里叶变换红外光谱仪(TGA-FTIR,Nicolet 6700)配套使用,测量是在空气中以 20 ℃/min 的升温速率从 40 ℃到 800 ℃进行的。每次测试的样品质量为 6~10 mg,测试中保护气(高纯氮)的气体流速为 20 mL/min,吹扫气(空气)的流速为 60 mL/min。

介电常数和介电损耗测试:美国生产的型号为 Agilent N5230c 矢量网络分析仪,样品是厚度为 3 mm、直径为 25 mm 的圆片,频率范围为 100 Hz~20 MHz。

4.2.3　Na-Ph-POSS 的合成

首先,将 NaOH(2.8 g,0.4 mol)、H_2O(3.36 mL)、PTES(31.32 g,0.13 mol)和丙酮(100 mL)在配有磁力搅拌的 250 mL 干燥的三颈圆底烧瓶中混合均匀。然后,将混合物加热至回流温度,接下来继续搅拌 16~20 h。抽滤以除去滤液,得到不溶的白色固体粉末,并将白色固体产物用丙酮洗涤多次。在 80 ℃下鼓风烘干箱中干燥 12 h 得到 Na-Ph-POSS-丙酮配体(Na-Ph-POSS-丙酮)白色固体产物,将其继续是在 180 ℃的鼓风烘干箱中干燥 6~8 h 后获得白色固体产物七苯基硅倍半氧烷钠盐(Na-Ph-POSS)。Na-Ph-POSS-丙酮和 Na-Ph-POSS 的合成路线如图 4-1 所示。

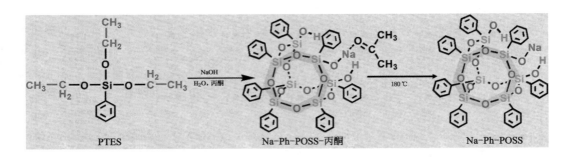

图 4-1　Na-Ph-POSS-丙酮和 Na-Ph-POSS 的合成路线

4.2.4　环氧树脂复合材料的制备

首先,干燥的三口颈圆底烧瓶中加入 DGEBA(E-44),在 140 ℃并伴有机械搅拌下预热 30 min,将 T_7-Ph-POSS 或 Na-Ph-POSS 加入 E-44 中继续搅拌 60～90 min 以使其充分溶解。然后,将 DDS 加入混合液体中,并搅拌 30～45 min。最后,将所得混合液体快速倒入聚四氟乙烯(PTFE)模具中,并在 180 ℃下固化 4 h。纯 EP(DGEBA-DDS)的制备类似于以上步骤,只是去除添加 T_7-Ph-POSS 或 Na-Ph-POSS 的过程。EP/Na-Ph-POSS 复合材料的固化过程如图 4-2 所示,EP、EP/Na-Ph-POSS 及 EP/T_7-Ph-POSS 复合材料各组分的质量列于表 4-2。

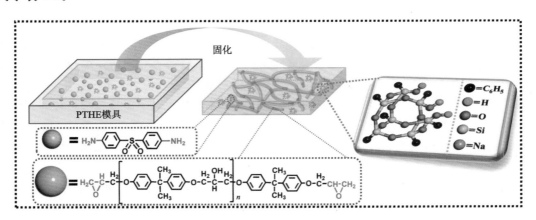

图 4-2　EP/Na-Ph-POSS 复合材料的固化过程

表 4-2　EP、EP/Na-Ph-POSS 及 EP/T_7-Ph-POSS 复合材料各组分的质量

样品	各组分的质量/g			
	E-44	DDS	T_7-Ph-POSS	Na-Ph-POSS
EP	130	39	0	0
EP/3％T_7-Ph-POSS	130	39	5.2	0
EP/3％ Na-Ph-POSS	130	39	0	5.2

表 4-2(续)

样品	各组分的质量/g			
	E-44	DDS	T$_7$-Ph-POSS	Na-Ph-POSS
EP/5% T$_7$-Ph-POSS	130	39	8.9	0
EP/5% Na-Ph-POSS	130	39	0	8.9

4.3 Na-Ph-POSS 化学结构和性能表征

4.3.1 Na-Ph-POSS 的 FTIR 分析

图 4-3 给出了 PTES、Na-Ph-POSS-丙酮和 Na-Ph-POSS 的 FTIR 谱。与原料 PTES 的 FTIR 谱相比,在 Na-Ph-POSS-丙酮和 Na-Ph-POSS 的 FTIR 谱中都出现了一些相同的特征峰,如 1 120 cm^{-1}(Ph-Si)、1 429 cm^{-1} 和 1 593 cm^{-1}(苯环结构中的 C=C 键)。此外,与 PTES 的 FTIR 谱中 1 071 cm^{-1}(Si—O)处出现的单尖峰不同,在产物 Na-Ph-POSS-丙酮和 Na-Ph-POSS 的 FTIR 谱中 980~1 100 cm^{-1} 出现了多重较强的吸收峰,这可能是归因于 Si—O—Si、Si—O 和 Si—O—Na 结构的伸缩振动[28-29]。在 3 660 cm^{-1} 处出现了一个强度较小的属于 OH 基团的宽吸收峰。Na-Ph-POSS-丙酮和 Na-Ph-POSS 的 FTIR 谱唯一的不同是在 1 716 cm^{-1} 处出现的 C=O 的特征吸收峰,且两者都保留了 2 969~3 100 cm^{-1} 处的多重峰,此处归属为侧链苯环中 C—H 的伸缩振动峰。此外,PTES 的 FTIR 谱中在 959 cm^{-1}、1 391 cm^{-1} 和 2 888 cm^{-1} 处出现的—O—CH$_2$—CH$_3$ 的特征吸收峰,在 Na-Ph-POSS-丙酮和 Na-Ph-POSS 的 FTIR 谱中完全消失,表明 PTES 完全发生了水解缩聚反应且没有任何剩余。

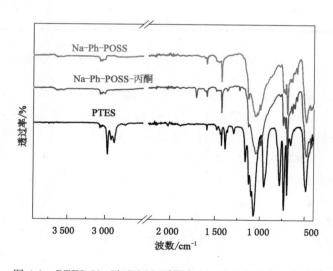

图 4-3 PTES、Na-Ph-POSS-丙酮和 Na-Ph-POSS 的 FTIR 谱

4.3.2 Na-Ph-POSS 的 NMR 分析

如图 4-4 给出了 PTES、Na-Ph-POSS-丙酮和 Na-Ph-POSS 的 ^{1}H NMR 谱。可以看出,与 FTIR 谱相似,属于原料 PTES 的—O—CH$_2$—CH$_3$ 的共振峰(b 处和 c 处)在产物 Na-Ph-POSS-丙酮和 Na-Ph-POSS 的 ^{1}H NMR 谱中完全消失了。进一步证明了 PTES 水解反应是彻底的。此外,Na-Ph-POSS-丙酮的 ^{1}H NMR 谱中化学位移在 1.84×10^{-6}(a 处)出现了一个新的共振峰,归属为丙酮配体分子中—CH$_3$ 的氢质子共振峰。结合 FTIR 测试结果(C=O 的存在)初步揭示了 Na-Ph-POSS-丙酮结构中丙酮分子配体的存在。特别地,Na-Ph-POSS-丙酮和 Na-Ph-POSS 的 ^{1}H NMR 谱在 6.0~8.0$10^{-6}$ 区域内出现一个明显的宽峰,该峰可以归属为苯环和 Si—OH 中的氢质子的共振峰。

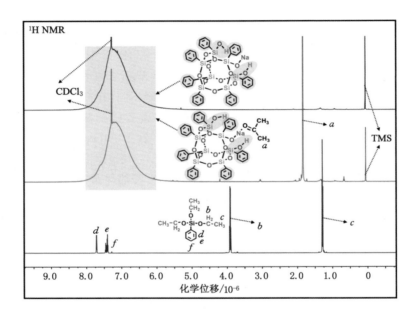

图 4-4　PTES、Na-Ph-POSS-丙酮和 Na-Ph-POSS 的 ^{1}H NMR 谱

如图 4-5 所示,在 PTES 的 ^{13}C NMR 谱中,化学位移在 50.06×10^{-6}(d)和 18.30×10^{-6}(e)处出现的—O—CH$_2$—CH$_3$ 中亚甲基和甲基的碳原子共振峰,在 Na-Ph-POSS-丙酮和 Na-Ph-POSS 的 ^{13}C NMR 谱中完全消失,进一步证明了 PTES 中活性基团—O—CH$_2$—CH$_3$ 在 NaOH 的存在下完全水解。同时,在 Na-Ph-POSS-丙酮和 Na-Ph-POSS 的 ^{13}C NMR 谱中仍然保留了 $(125 \sim 140) \times 10^{-6}$ 的典型的苯环的碳原子共振峰。此外,在 Na-Ph-POSS-丙酮的 ^{13}C NMR 谱中出现了两个新的共振峰,即化学位移分别为 30.5×10^{-6}(a 处)和 208.5×10^{-6}(b 处),分别归属于丙酮分子配体中的—CH$_3$ 和 C=O 的碳原子共振峰。结合 FTIR 和 ^{1}H NMR 谱的测试结果,确定了 Na-Ph-POSS-丙酮结构中丙酮分子配体的存在。

4.3.3 Na-Ph-POSS 的 MALDI-TOF MS 和 XPS 分析

Na-Ph-POSS 的 MALDI-TOF MS 谱如图 4-6 所示。在图中仅观察到一个 m/z 值为

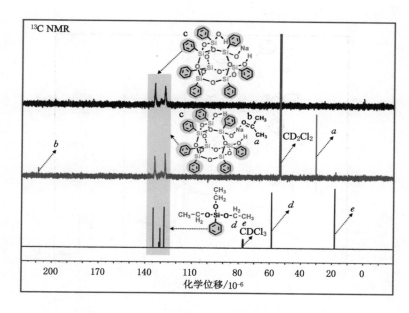

图 4-5　PTES、Na-Ph-POSS-丙酮和 Na-Ph-POSS 的 ^{13}C NMR 谱

953.0 的分子离子峰,而[Na-Ph-POSS+H$^+$]的相对分子质量的理论计算值也为 953。因此,质谱表征结果证明了如图 4-6 所示的 Na-Ph-POSS 的结构式。此外,质谱测试结果只出现的一个分子离子峰证明所合成的产物结构单一没有副产物的生成。为了进一步从元素含量角度验证 Na-Ph-POSS 的化学结构,如图 4-7 所示,在 Na-Ph-POSS 的 XPS 宽扫光谱中检测到 Na、O、C 和 Si 4 种元素,且 Na 元素的原子浓度为 1.91%,与其理论计算值 1.61%非常接近。

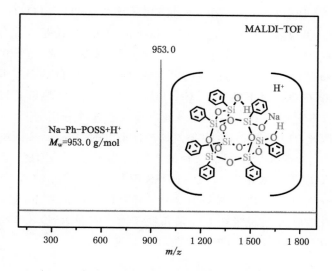

图 4-6　Na-Ph-POSS 的 MALDI-TOF MS 谱

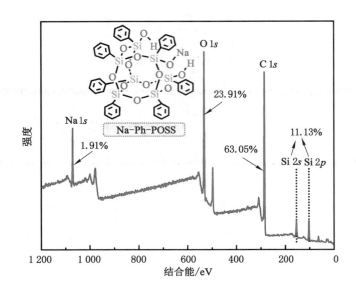

图 4-7　Na-Ph-POSS 的 XPS 宽扫光谱

综上所述,FTIR、NMR、MALDI-TOF MS 和 XPS 充分验证了在 NaOH 的存在下,PTES 发生水解反应后先生成了含有丙酮分子配体的 Na-Ph-POSS-丙酮,经过 180 ℃高温烘干后形成了含金属钠的七苯基硅倍半氧烷(Na-Ph-POSS)钠盐,并证明了 Na-Ph-POSS 的化学结构为不完全缩聚的笼状结构。

4.3.4　Na-Ph-POSS 的热稳定性分析

图 4-8 给出了 Na-Ph-POSS-丙酮在氮气氛和空气氛下的 TG 和 DTG 曲线,相应的具体参数列于表 4-3 中。可以看出,无论是在空气氛下的热分解,还是在氮气氛下的热分解,Na-Ph-POSS-丙酮在 210 ℃左右都会出现 5.7%的质量损失,该值大小恰好等于丙酮相对分子质量(58)在 Na-Ph-POSS-丙酮相对分子质量(1 010)中的占比。同时,根据图 4-9 中 Na-Ph-POSS-丙酮在空气氛下的 3D TG-FTIR 和 140 ℃下的热解挥发物的 FTIR 谱可知,在 1 740 cm^{-1}、1 371 cm^{-1} 和 1 243 cm^{-1} 处出现的红外峰分别为 C=O、C—H 和 C—O 的特征吸收峰[30]。因此,210 ℃温度下的热解气体产物是由 Na-Ph-POSS-丙酮结构中的丙酮分子配体热分解而产生的,而作为阻燃剂这种缺点是极为不利的。因此,需要将丙酮分子配体除去。除了 210 ℃以下的热分解,Na-Ph-POSS-丙酮在氮气氛下只有 300~530 ℃的一个热分解阶段,而在空气氛下的热分解分为 300~450 ℃和 450~550 ℃两个阶段。此外,Na-Ph-POSS-丙酮在 800 ℃残炭量在空气氛和氮气氛下分别达到 48.6%和 63.5%。研究表明,Na-Ph-POSS-丙酮具有较高的热稳定性。

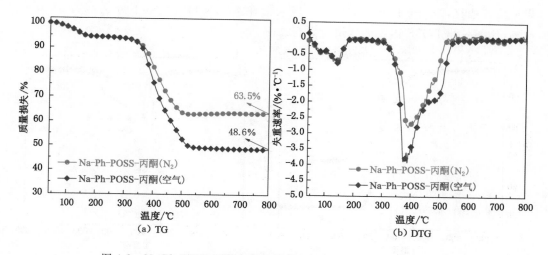

图 4-8　Na-Ph-POSS-丙酮在氮气氛和空气氛下的 TG 和 DTG 曲线

表 4-3　Na-Ph-POSS-丙酮在氮气氛和空气氛下的 TG 数据

气氛	$T_{0.057}$/℃	T_{max1}/℃	T_{max2}/℃	T_{max3}/℃	800 ℃时残炭量/%
氮气	205	138	380	—	63.5
空气	209	141	387	488	48.6

注：$T_{0.057}$表示质量损失为 5.7% 时的温度；T_{max}表示最大质量损失速率处的温度。

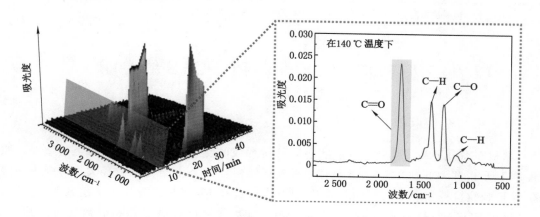

图 4-9　Na-Ph-POSS-丙酮在空气氛下的 3D TG-FTIR 和
在下 140 ℃的热解挥发物的 FTIR 谱

在 180 ℃温度下烘干 6~8 h 后得到产物 Na-Ph-POSS，图 4-10 给出了 Na-Ph-POSS 在氮气氛和空气氛下的 TG 和 DTG 曲线，相应的数据列于表 4-4。与 Na-Ph-POSS-丙酮的 TG 结果相比，Na-Ph-POSS 在 200 ℃以下几乎没有质量损失，而且其在氮气氛和空气氛下的初始分解温度（质量损失为 5% 时的温度）分别为 369 ℃和 364 ℃，可以满足大多数聚合物的加工温度。除此以外，Na-Ph-POSS 的分解路径与 Na-Ph-POSS-丙酮几乎类似，说明 180 ℃的高温处理并未对 Na-Ph-POSS 的主体结构造成损坏，与以上 FTIR 和 NMR 测试结果一致。最终，Na-Ph-POSS 在 800 ℃残炭量在空气氛和氮气氛下分别达到 52.0% 和 67.2%，比 Na-Ph-POSS-丙酮的残炭量更高。

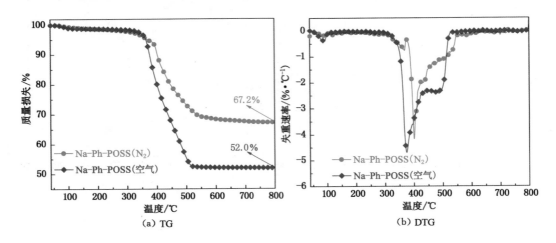

图 4-10　Na-Ph-POSS 在氮气氛和空气氛下的 TG 和 DTG 曲线

表 4-4　Na-Ph-POSS 在氮气氛和空气氛下的 TG 数据

气氛	T_{onset}/℃	T_{max1}/℃	T_{max2}/℃	800 ℃时残炭量/%
氮气	369	400	—	67.2
空气	364	374	487	52.0

注：T_{onese} 表示质量损失为 5% 时的温度；T_{max} 表示最大质量损失速率处的温度。

4.4　EP/Na-Ph-POSS 和 EP/T₇-Ph-POSS 的性能

4.4.1　填料分散状态分析

　　填料在高分子基体材料中分散状态对其所形成的复合材料的综合性能至关重要。如图 4-11 所示，T₇-Ph-POSS 在 EP 基体中呈现球形颗粒分散，且分散的粒径大小是极不均匀的，球形颗粒粒径大小为 1～5 μm 或者更大，表明其在 EP 基体中发生了二次聚集。同时，这些球形 POSS 颗粒单独镶嵌在 EP 基体中，与基体材料有明显的相分离。与之相反，Na-Ph-POSS 在 EP 基体中的分散状态与 T₇-Ph-POSS 明显不同，没有表现出明显的 POSS 和 EP 基体的分界面，似乎是与 EP 融合在一起。

　　为了进一步观察 T₇-Ph-POSS 和 Na-Ph-POSS 在 EP 基体中分散状态，对 EP/5% T₇-Ph-POSS 和 EP/5% Na-Ph-POSS 复合材料做超薄切片。如图 4-12 所示，T₇-Ph-POSS 在 EP 基体中仍然呈现球形颗粒分散。然而，EP/5% Na-Ph-POSS 复合材料的 TEM 图像和 Si 元素的面扫图显示出 Na-Ph-POSS 在 EP 基体中呈现出网状分布，且是由纳米条状 Na-Ph-POSS 编织成网。这些纳米条的宽度在 10～50 nm 范围内变动[图 4-12(c)]，长度达到微米以上。这种特殊分散状态的形成可能与钠元素在 POSS 笼结构上的存在有关，据此推断

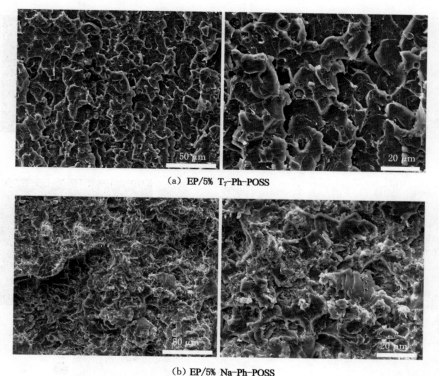

(a) EP/5% T₇-Ph-POSS

(b) EP/5% Na-Ph-POSS

图 4-11　复合材料冷冻淬断面的 SEM 图像

Na-Ph-POSS 中的 Si—OH 在溶于 DGEBA 中后,在钠元素催化和高温下优先 Na-Ph-POSS 分子间发生缩合反应,形成了多种 Na-Ph-POSS 的聚合物,如二聚体[图 4-12(c)]、三聚体和四聚体等。这样,不同的多聚体再次进行重组相连,在 EP 基材中便出现了由各种宽度和长度的 Na-Ph-POSS 纳米条编织成的 POSS 网。

4.4.2　光学性能分析

如图 4-13 所示,以 DGEBA 液体作为参比(透过率为 100%),无论添加 T₇-Ph-POSS 还是 Na-Ph-POSS 都可以极大地降低所形成的混合液在紫外光区域(波长＜400 nm)和蓝紫光区域(波长为 400～475 nm)的透过率[31-32]。这意味着添加 T₇-Ph-POSS 或者 Na-Ph-POSS 都可以吸收紫外光和蓝紫光,而这类光对人类的眼睛是有害的[33]。特别地,与添加 T₇-Ph-POSS 相比,加入 Na-Ph-POSS 的 DGEBA 混合液在长波可见光区域(475～800 nm)有更高的透过率,表明 Na-Ph-POSS 在 DGEBA 中的分散状态比 T₇-Ph-POSS 好,而数码照片也证明 DGEBA/Na-Ph-POSS 混合液比 DGEBA/T₇-Ph-POSS 混合液更透明。此外,当添加量为 5% 时,混合液体紫外光和蓝紫光的透过率明显低于添加量为 3%,尤其是 DGEBA/5% Na-Ph-POSS 混合液的紫外光透过率接近 0,说明相比于 T₇-Ph-POSS,Na-Ph-POSS 能够更有效地吸收紫外光和蓝紫光,同时能够确保更高的透明度。这样的优点使得 Na-Ph-POSS 更适合应用在需要抗紫外光和蓝紫光的现实生活中。

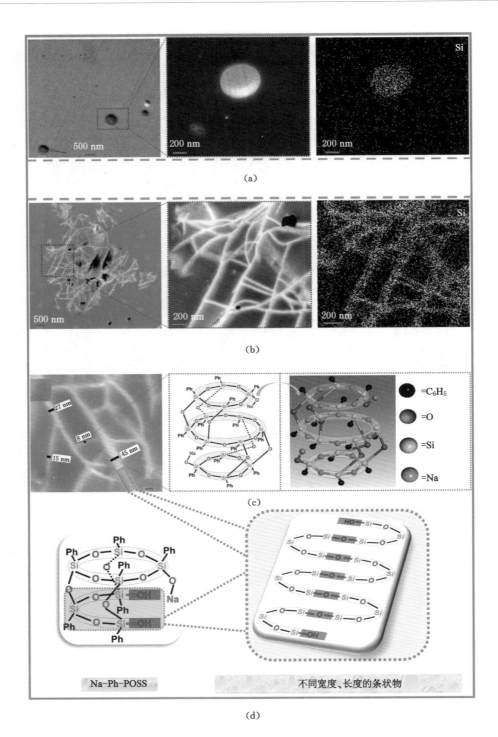

图 4-12 EP/5％ T$_7$-Ph-POSS 和 EP/5％ Na-Ph-POSS 复合材料的 TEM 图像和 Si 元素的面扫图；Na-Ph-POSS 的二聚体结构和条状物的各种宽度、长度结构

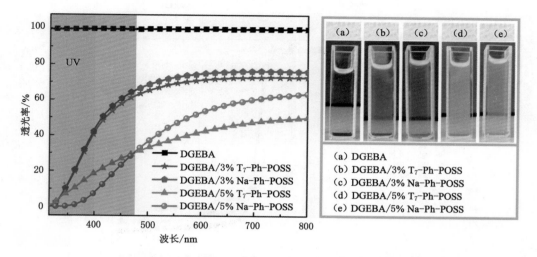

图 4-13　复合材料的紫外 - 可见光光谱和相应的混合溶液状态的数码照片

4.4.3　复合材料热性能分析

图 4-14 和图 4-15 分别给出了 EP、EP/T_7-Ph-POSS 和 EP/Na-Ph-POSS 复合材料在氮气氛下的 TG 和 DTG 曲线,相应的具体热分解数据列于表 4-5 中。EP、EP/3% T_7-Ph-POSS 和 EP/5% T_7-Ph-POSS 在 800 ℃的残炭量分别为 12.0%、16.1% 和 17.4%。该结果说明,随着 T_7-Ph-POSS 添加量由 3% 增加到 5%,所得复合材料的残炭量有所提高。此外,相比于添加了 T_7-Ph-POSS 的复合材料,添加 Na-Ph-POSS 更有助于促进所得复合材料成炭。当 Na-Ph-POSS 的添加量为 3% 时,由 DTG 曲线可知,EP/3% Na-Ph-POSS 复合材料在 360～450 ℃范围内分解速度明显加快。当 Na-Ph-POSS 的添加量增大到 5% 时,EP/5% Na-Ph-POSS 复合材料在 800 ℃下的残炭量急剧增大到 21.1%。结合前文中 Na-Ph-POSS 的热分解路径和第 2 章中 T_7-Ph-POSS 的热分解路径可知,Na-Ph-POSS 的初始分解温度约为 369 ℃,T_7-Ph-POSS 的初始分解温度大约为 520 ℃,而纯 EP 的初始分解温度约为 365 ℃,且 520 ℃下基本完全分解。因此,Na-Ph-POSS 的热分解路径和纯 EP 类似,能够在热分解过程中相互作用促进成炭。而 EP 热分解完毕,T_7-Ph-POSS 还未发生明显的热分解,所以在促进成炭方面作用较弱。

表 4-5　EP、EP/T_7-Ph-POSS 和 EP/Na-Ph-POSS 复合材料在氮气氛下的 TG 数据

样品	T_{onset}/℃	T_{max}/℃	800 ℃时残炭量/%
EP	373	409	12.0
EP/3% T_7-Ph-POSS	372	410	16.1
EP/3% Na-Ph-POSS	386	406	16.7
EP/5% T_7-Ph-POSS	369	408	17.4
EP/5% Na-Ph-POSS	347	381	21.1

注：T_{oneset}表示质量损失为 5% 时的温度；T_{max}表示最大质量损失速率处的温度。

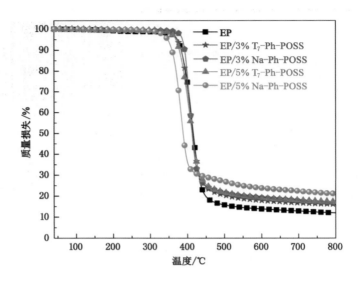

图 4-14　复合材料在氮气氛下的 TG 曲线

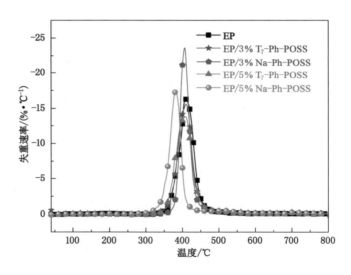

图 4-15　复合材料在氮气氛下的 DTG 曲线

　　EP、EP/T_7-Ph-POSS 和 EP/Na-Ph-POSS 复合材料的 DSC 和 DDSC 曲线分别如图 4-16 和图 4-17 所示。相比于纯 EP，T_7-Ph-POSS 的添加量由 3％增加到 5％对所制备的 EP 复合材料的玻璃化转变温度（T_g）影响较小，而 Na-Ph-POSS 在添加量增大到 5％时，所得 EP 复合材料的 T_g 值明显降低。这是因为 Na-Ph-POSS 显强碱性，会加速 EP 的固化反应过程，所以在添加量增大到一定程度时，所制备 EP 复合材料表现出较低的 T_g 温度。

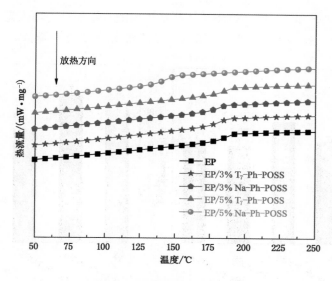

图 4-16　复合材料的 DSC 曲线

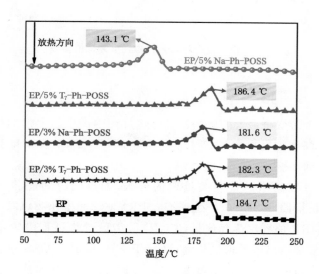

图 4-17　复合材料的 DDSC 曲线

4.4.4　复合材料力学性能分析

图 4-18(a)给出了 EP、EP/T_7-Ph-POSS 和 EP/Na-Ph-POSS 复合材料的抗拉强度。由图可知,EP 中掺入 T_7-Ph-POSS 或者 Na-Ph-POSS 后都会使所得复合材料的抗拉强度降低,且随着添加量的增大抗拉强度逐渐减小。但是,相比于添加 T_7-Ph-POSS,Na-Ph-POSS 对复合材料的抗拉强度影响较小。EP、EP/T_7-Ph-POSS 和 EP/Na-Ph-POSS 复合材料的弯曲强度如图 4-18(b)所示,相比于纯 EP,添加 T_7-Ph-POSS 的 EP 复合材料的弯曲强度有所增加。而 Na-Ph-POSS 的添加会明显降低所得 EP 复合材料的弯曲强度。同时,随着T_7-Ph-POSS 和 Na-Ph-POSS 的添加量由 3% 增加到 5%,弯曲强度都出现了降低。结合抗拉强度测试结

果,说明 T_7-Ph-POSS 和 Na-Ph-POSS 在 EP 基体中随着添加量的增大发生了二次聚集,导致所得复合材料的抗拉强度和弯曲强度随着添加量的增大而逐渐降低。

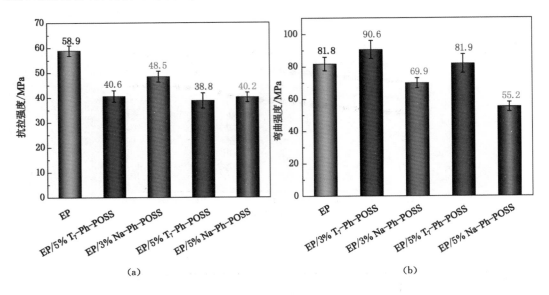

图 4-18　复合材料的抗拉强度和弯曲强度

4.4.5　复合材料阻燃性能分析

火灾中对人类生命安全最大的威胁就是燃烧过程中产生的大量的热和有毒烟雾[34-35]。下面通过锥形量热仪和烟密度测试仪来量化 EP、EP/T_7-Ph-POSS 和 EP/Na-Ph-POSS 复合材料的阻燃和抑烟性能。

锥形量热测试可以给出一些至关重要的参数,如点燃时间(TTI)、热释放速率峰值(p-HRR)、火势增长指数(FGI)、烟产生速率(SPR)、CO 产生速率(COP)和 CO_2 产生速率(CO_2P)等[36]。p-HRR 值和总热释放量(THR)是衡量燃烧过程中热量产生的重要参数。图 4-19 和图 4-20 分别给出了锥形量热测试的 EP、EP/T_7-Ph-POSS 和 EP/Na-Ph-POSS 复合材料的 HRR 和 THR 曲线。由图可以看出,添加 T_7-Ph-POSS 或者 Na-Ph-POSS 都可以降低所形成的复合材料的热释放。此外,纯 EP、EP/5％ T_7-Ph-POSS 和 EP/5％ Na-Ph-POSS 的 p-HRR 值分别为 1 074 kW/m² 、960 kW/m² 和 581 kW/m²。因此,与添加 T_7-Ph-POSS 相比,Na-Ph-POSS 的添加更有利于降低所形成 EP 复合材料的热释放。

从热释放速率曲线还可以得到一个评价火灾隐患的重要指标,称为火势增长指数(fire growth index,FGI),其大小为 p-HRR 值与到达 p-HRR 的时间 t_{p-HRR} 的比值,且 FGI 值越低,则火灾危险程度越低。如图 4-21 所示,在 EP 中添加 T_7-Ph-POSS 后,所形成的 EP/T_7-Ph-POSS 复合材料的 FGI 值随着添加量的增大而逐渐变大。相反,随着 Na-Ph-POSS 的添加量由 3％增加到 5％,相应复合材料的 FGI 值由纯 EP 的 9.76 kW/(m² · s)分别降低到 6.31 kW/(m² · s)和 5.53 kW/(m² · s),见表 4-6。以上结果表明,相比于添加 T_7-Ph-POSS,Na-Ph-POSS 的添加更有助于减轻所形成的 EP 复合材料的火灾危险。

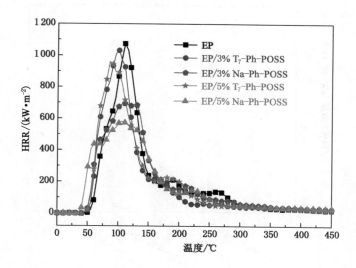

图 4-19　锥形量热测试中复合材料 HRR 曲线

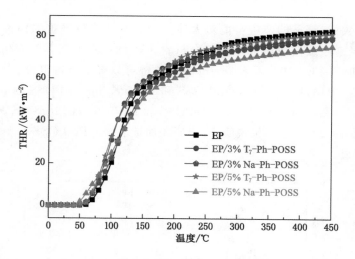

图 4-20　锥形量热测试中复合材料 THR 曲线

表 4-6　EP、EP/T₇-Ph-POSS 和 EP/Na-Ph-POSS 复合材料锥形量热和烟密度测试的数据

样品	TTI/s	p-HRR /(kW·m⁻²)	$t_{\text{p-HRR}}$ /s	FGI /(kW·m⁻²·s⁻¹)	p-SPR /(m²·s⁻¹)	$D_{\text{s,max}}$	p-COP /(g·s⁻¹)	p-CO₂P /(g·s⁻¹)
EP	36±2	1074±25	110±1	9.76±0.12	0.44±0.08	488±5	0.032±0.006	0.56±0.06
EP/3％T₇-Ph-POSS	36±1	1031±22	100±2	10.13±0.11	0.33±0.06	421±8	0.030±0.004	0.59±0.03
EP/5％T₇-Ph-POSS	36±2	960±33	85±2	11.30±0.13	0.31±0.05	350±9	0.027±0.007	0.51±0.08
EP/3％ Na-Ph-POSS	34±3	694±19	110±3	6.31±0.15	0.26±0.03	270±6	0.018±0.005	0.41±0.05
EP/5％ Na-Ph-POSS	29±1	581±21	105±1	5.53±0.11	0.25±0.02	268±3	0.017±0.002	0.33±0.02

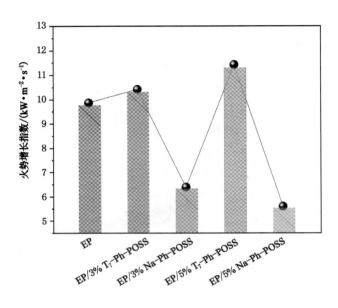

图 4-21 锥形量热测试中复合材料的火势增长指数

　　在真实的火灾中,烟雾的产生可能对人体生命安全造成更严重的伤害。因此,锥形量热仪和 NBS 烟密度测试仪被用来评价复合材料在燃烧过程中烟雾的产生。如图 4-22 所示,在 EP 中添加 T_7-Ph-POSS 或者 Na-Ph-POSS 都可以降低所得复合材料的烟雾产生速率峰值。与纯 EP 相比,EP/3％ T_7-Ph-POSS 和 EP/5％ T_7-Ph-POSS 的 p-SPR 值分别降低了 25.0％和 29.5％。而 EP/3％ Na-Ph-POSS 和 EP/5％ Na-Ph-POSS 的 p-SPR 值分别降低了 40.9％和 43.2％。该结果说明,在相同添加量下,Na-Ph-POSS 赋予 EP 复合材料的抑烟效果更加明显。

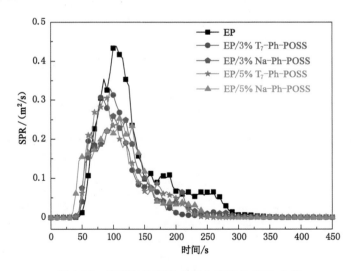

图 4-22 锥形量热测试中复合材料的 SPR 曲线

如图 4-23 所示，随着 T$_7$-Ph-POSS 的添加量由 3% 增加到 5%，所得复合材料的最大烟密度的降低量分别为 13.7% 和 28.3%。而随着 Na-Ph-POSS 的添加量由 3% 增加到 5%，所得复合材料的 $D_{s,max}$ 值的降低量分别为 44.7% 和 45.1%。由此可见，相同的添加量，Na-Ph-POSS 达到的抑烟效果将近 T$_7$-Ph-POSS 的 2 倍。该结果进一步证实，相比于添加 T$_7$-Ph-POSS，添加 Na-Ph-POSS 能够更有效地降低所得 EP 复合材料的火灾风险。

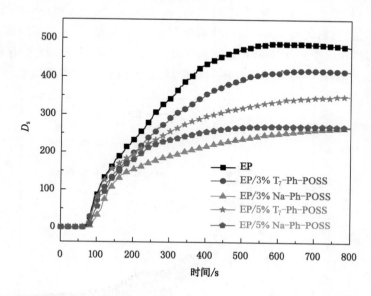

图 4-23　烟密度测试的 EP、EP/T$_7$-Ph-POSS 和 EP/Na-Ph-POSS 复合材料的 D_s 曲线

由于高分子复合材料中含有大量的碳元素，因而在燃烧过程中会产生大量的 CO_2 和 CO 气体，而高浓度的 CO_2 会造成人类窒息且 CO 会造成人类中毒。如图 4-24 所示，相比

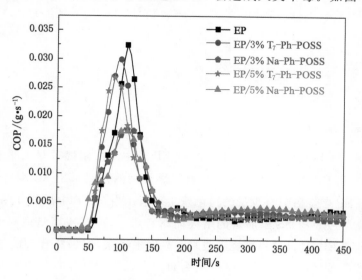

图 4-24　锥形量热测试中复合材料的 COPR 曲线

于纯 EP,随着 T_7-Ph-POSS 添加量的增大,EP/3% T_7-Ph-POSS 和 EP/5% T_7-Ph-POSS 的 CO 气体产生速率峰值有所降低。而添加 3% 的 Na-Ph-POSS 的复合材料的 CO 气体产生速率峰值明显的降低。但是,进一步增大 Na-Ph-POSS 的添加量时,EP/5% Na-Ph-POSS 的 CO 产生速率峰值并没有进一步降低。如图 4-25 所示,当 T_7-Ph-POSS 的添加量为 3% 时,所得复合材料的 CO_2 产生速率峰值略有增大。添加量继续增大到 5% 时,EP/5% T_7-Ph-POSS 的 p-CO_2P 值由纯 EP 的 0.56 g/s 降低到 0.51 g/s。而随着 Na-Ph-POSS 的添加量由 3% 增加到 5%,所得复合材料的 p-CO_2P 值分别降低到 0.41 g/s 和 0.33 g/s,降幅分别达 26.8% 和 41.1%。因此,相比于添加 T_7-Ph-POSS,在 EP 中添加 Na-Ph-POSS 更有利降低所得 EP 复合材料在燃烧过程中 CO_2 和 CO 气体的释放量,进而减轻火灾的烟气危害。

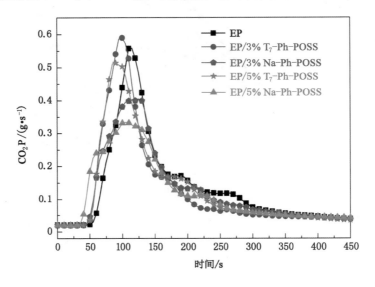

图 4-25　锥形量热测试的 EP、EP/T_7-Ph-POSS 和 EP/Na-Ph-POSS 复合材料的 CO_2P 曲线

4.5　复合材料的阻燃机理

4.5.1　凝聚相阻燃机理

为了探究 T_7-Ph-POSS 和 Na-Ph-POSS 对 EP 产生不同阻燃效果的根本原因,对 EP、EP/T_7-Ph-POSS 和 EP/Na-Ph-POSS 复合材料燃烧后的残炭采用 SEM 和 EDX 分析。如图 4-26 所示,纯 EP 燃烧后只有少量的黑色残炭剩余。当在 EP 中添加 T_7-Ph-POSS 后,所剩余残炭量随着 T_7-Ph-POSS 添加量的增大而略有增大,而且残炭呈现白色。当添加 3% 的 Na-Ph-POSS 到 EP,复合材料燃烧后残炭明显发生膨胀,但仍然有大量可见的裂缝和气孔出现。这意味着 EP/3% Na-Ph-POSS 复合材料在燃烧的过程中会产生大量的挥发性气体。此外,进一步将 Na-Ph-POSS 的添加量增加到 5% 时,EP/5% Na-Ph-POSS 复合材料燃烧后形成了一个致密膨胀炭层,表面几乎没有肉眼可见的孔洞。产生这样特殊炭层的原

因可能是：在燃烧过程中，随着 Na-Ph-POSS 添加量增大到一定值，会在表面快速形成致密且厚实的炭层，这样的炭层有效抑制了所产生的挥发性气体产物的释放，进而形成没有肉眼可见孔洞和裂缝的膨胀炭层。

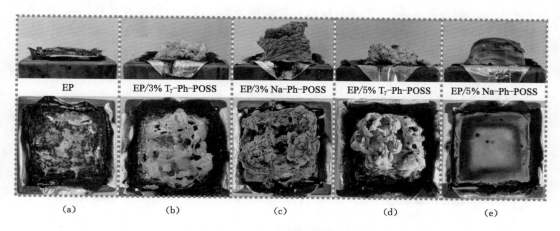

图 4-26　锥形量热测试中残炭的侧视图和顶视图的数码照片

图 4-27 给出了锥形量热测试的 EP/5％ Na-Ph-POSS 复合材料残炭的外表面和内部的 SEM 图像及 EDX 谱。可以看出，外表面呈现出白色条状物编织而成的网状残炭，且 EDX 图谱显示残炭中所含元素主要为 Si 和 O。在相同放大倍数下，内部残炭明显比外部残炭更加致密而光滑，且其 C 元素含量明显增大，Si 和 O 元素的含量明显降低。这些结果表明，在复合材料的燃烧过程中，Na-Ph-POSS 在受热的外表面迅速聚集形成网状的绝热屏障，同时催化形成了含碳量极高的致密炭层。

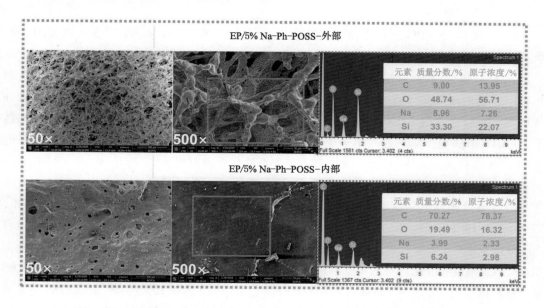

图 4-27　锥形量热测试中复合材料残炭外部和内部的 SEM 图像及 EDX 谱

为了进一步解释相比于在 EP 中添加 T_7-Ph-POSS，Na-Ph-POSS 表现出较好阻燃和抑烟效果的原因，采用 FTIR 对 EP/T_7-Ph-POSS 和 EP/Na-Ph-POSS 复合材料外表面残炭的化学结构进行了详细分析。如图 4-28 所示，所有 EP 复合材料外表面残炭的 FTIR 光谱都在 1 060 cm^{-1} 处出现了 SiO$_2$ 中 Si—O 键的伸缩振动峰。因此，EP 复合材料燃烧后残炭的主要成分为 SiO$_2$。特别地，在 EP/3％ Na-Ph-POSS 和 EP/5％ Na-Ph-POSS 外表面残炭的 FTIR 谱中 1 457 cm^{-1} 处出现了一个较弱的吸收峰，应该归属为 Na$_2$CO$_3$ 的特征峰。结合以上残炭微观形貌分析可知，EP/5％ Na-Ph-POSS 的外表面残炭是由 Na$_2$CO$_3$ 和 SiO$_2$ 组成的灰白色网状炭层。

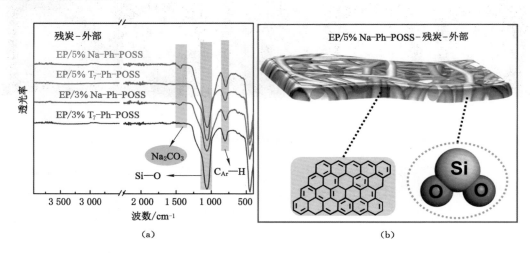

图 4-28　燃烧残炭外表面的 FTIR 谱和
燃烧残炭外表面的形貌及化学结构

EP/5％ Na-Ph-POSS 外表面残炭的高分辨率 C 1s、Si 2p 和 Na 1s XPS 光谱如图 4-29 所示。C 1s 谱中在 289.2 eV、285.8 eV 和 284.6 eV 三处分别归属于 CO$_3^{2-}$、C—O 和 C—C/C—H 键的谱带[37-38]。同时，在高分辨率 Si 2p XPS 光谱中可以观察到 103.4 eV 和 103.1 eV 处的两个拟合峰，它们分别对应于 Si—O—Si 和 Si—O—C 键[39]。相似地，在高分辨率 Na 1s XPS 光谱中也可以分峰拟合为 1 071.8 eV 和 1 071.1 eV 的两个峰，它们分别属于 Na$_2$CO$_3$ 和—O—Na。这些结果进一步证实了 EP/5％ Na-Ph-POSS 的外表面残炭主要由 Si—O—Si(SiO$_2$)、Si—O—C、Na$_2$CO$_3$ 和稠环芳香族化合物组成。

由以上 EDX 能谱对 EP/5％ Na-Ph-POSS 燃烧残炭内外元素含量的分析可知，内部残炭的含碳量相较于外部明显增加。如图 4-30 所示，通过 C 1s 的 XPS 光谱探究了 EP、EP/5％ T_7-Ph-POSS 和 EP/5％ Na-Ph-POSS 三者内部残炭结构的不同。其中，代表官能团所占积分面积比列于表 4-7。与纯 EP 相比，添加了 T_7-Ph-POSS 后，内部残炭中 C—C 键所占的面积百分数基本没有变化。与之相反的是，在 EP 中添加了 Na-Ph-POSS 后，EP/5％ Na-Ph-POSS 复合材料内部残炭中 C—C 键所占的面积百分比相比于纯 EP 和 EP/5％ T_7-Ph-POSS 明显增加。此外，C_{ox}/C_a 值可以用来评价所形成的炭层的热稳定性，其值越低表示所产生的炭层的热稳定性越好[40]。C_{ox} 代表了结构中含有 C—O 和 O＝C—O 官能团化合物的含量，C_a

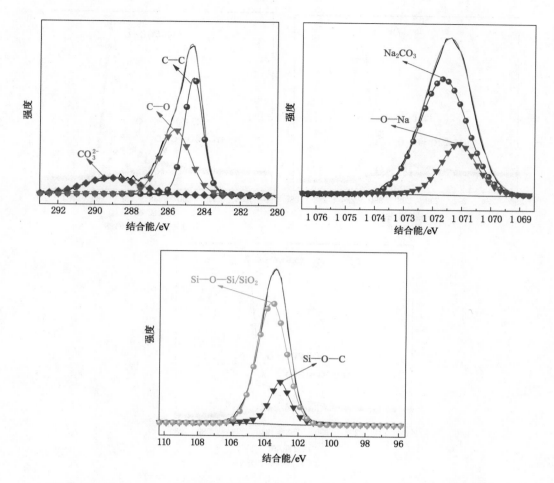

图 4-29　EP/5％ Na-Ph-POSS 燃烧残炭外表面的高分辨率 C 1s、Si 2p 和 Na 1s XPS 光谱

代表结构中只含 C—C 键化合物的含量。由表 4-7 可知，EP/5％ Na-Ph-POSS 复合材料内部残炭的 C_{ox}/C_a 值最低。因此，相比于 T_7-Ph-POSS，在 EP 中添加 Na-Ph-POSS 能够产生更高质量的内部炭层，从而达到较好的阻燃和抑烟效果。

表 4-7　EP、EP/5％ T_7-Ph-POSS 和 EP/5％ Na-Ph-POSS
内部残炭 C 1s 的 XPS 光谱

样品	C—C 积分面积百分比/％	C—O 积分面积百分比/％	O—C=O 积分面积百分比/％	C_{ox}/C_a
EP	60.5	27.0	12.5	0.65
EP/5％ T_7-Ph-POSS	61.5	25.6	12.9	0.63
EP/5％ Na-Ph-POSS	65.9	22.2	11.9	0.52

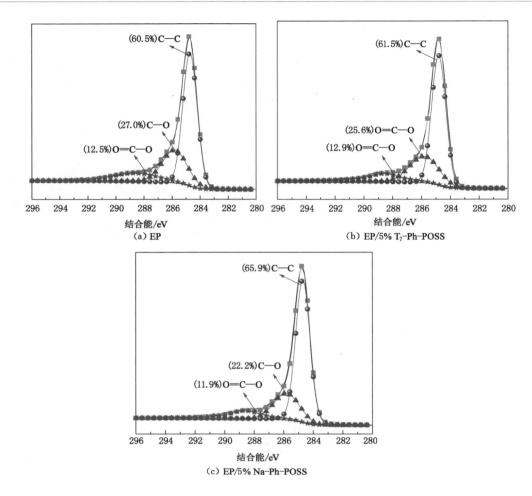

图 4-30　复合材料内部残炭的高分辨率 C 1s XPS 光谱

4.5.2　气相阻燃机理

为了研究气相阻燃机理,采用 TG-FTIR 对 EP、EP/5％ T₇-Ph-POSS 和 EP/5％ Na-Ph-POSS 复合材料在热分解过程中产生的气态挥发物进行分析。EP、EP/T₇-Ph-POSS 和 EP/Na-Ph-POSS 复合材料在空气氛下的 TG 曲线如图 4-31 所示,DTG 曲线如图 4-32 所示,热分解数据见表 4-8。添加了 T₇-Ph-POSS 的 EP 复合材料与纯 EP 相比,其热分解发生了很小的变化。随着 T₇-Ph-POSS 添加量的增大,所得复合材料在第二个热分解最大速率处的温度逐渐提高,且 800 ℃时残炭量逐渐增大。而在 EP 中添加相同量的 Na-Ph-POSS 后,所得复合材料的热分解路径与纯 EP 的两个热分解阶段不同,表现出了三个热分解阶段。与在氮气氛中的热分解状态类似,由图 4-32 可知,当 Na-Ph-POSS 添加量为 3％时,所得复合材料在 350～450 ℃的热分解明显加快,说明 Na-Ph-POSS 可以催化 EP 基体迅速发生热分解。此外,随着 Na-Ph-POSS 添加量的增大,所得复合材料在 800 ℃时残炭量明显增大,表明 Na-Ph-POSS 的添加提高了复合材料的热稳定性。

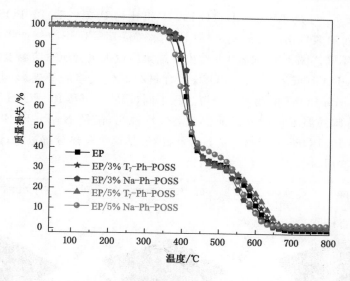

图 4-31　复合材料在空气氛下的 TG 曲线

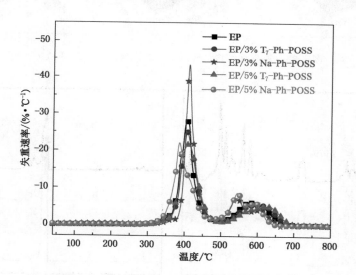

图 4-32　复合材料在空气氛下的 DTG 曲线

表 4-8　EP、EP/T₇-Ph-POSS 和 EP/Na-Ph-POSS 复合材料在空气氛下的热分解数据

样品	空气				
	T_{onset}/℃	T_{max1}/℃	T_{max2}/℃	T_{max3}/℃	800 ℃时残炭量/%
EP	371	407	578	—	0
EP/3% T₇-Ph-POSS	369	407	609	—	0.7
EP/3% Na-Ph-POSS	388	405	560	616	1.0
EP/5% T₇-Ph-POSS	374	410	621	—	0.9
EP/5% Na-Ph-POSS	356	386	546	595	2.0

注：T_{onset}表示质量损失为 5%时的温度；T_{max}表示最大质量损失速率处的温度。

　　如图 4-33 所示，与纯 EP 的 3D TG-FITR 相比，EP/5％ T₇-Ph-POSS 分解产物的 3D TG-FITR 并没有表现出较大的差别，而 EP/5％ Na-Ph-POSS 分解产物的 3D TG-FITR 图与前两者明显不同。图 4-34 和表 4-9 给出了最大质量损失处所对应温度的气体 FTIR 图谱，添加了 T₇-Ph-POSS 或者 Na-Ph-POSS 复合材料产生气体的种类影响较小。此外，与 EP 和 EP/5％ T₇-Ph-POSS 的两步热分解过程不同，EP/5％ Na-Ph-POSS 的热分解明显呈现三个阶段，且分解的温度也明显提前。以上分析说明，微量 Na-Ph-POSS 的添加改变了所形成的 EP/Na-Ph-POSS 复合材料的热分解路径，加速了其热分解过程，进而快速产生高质量的热稳定性炭层。

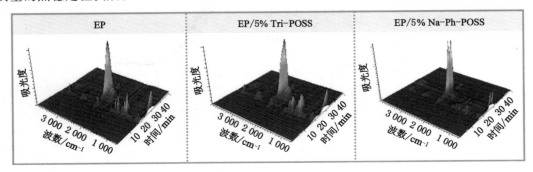

图 4-33　复合材料在空气氛下分解产物的 3D TG-FITR

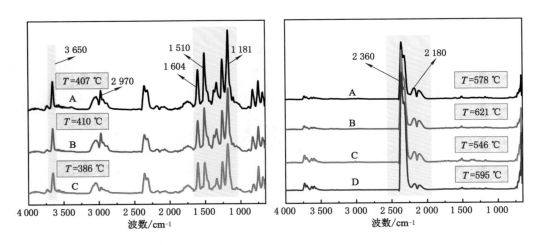

图 4-34　特定温度下 EP、EP/5％ T₇-Ph-POSS 和
EP/5％ Na-Ph-POSS 复合材料的气相挥发分红外图

表 4-9　EP、EP/5％ T₇-Ph-POSS 和 EP/5％ Na-Ph-POSS 复合材料挥发分的 FTIR 谱归属

波数/cm⁻¹	结构归属
3 650	苯酚和水中的羟基峰
2 970	脂肪烃的伸缩振动峰
2 360	二氧化碳
2 180	一氧化碳

表 4-9(续)

波数/cm⁻¹	结构归属
1 604 和 1 510	芳香环的吸收峰
1 181	C—O 的伸缩振动峰

由于材料被引燃后所产生的易燃性气体往往会导致火灾的二次扩大,因而 EP、EP/5% T₇-Ph-POSS和EP/5% Na-Ph-POSS 复合材料在空气氛下热解过程中产生的易燃挥发性产物。脂肪族化合物、CO 和芳香族化合物的释放速率 FTIR 谱如图 4-35 所示。与纯 EP 相比,添加了 T₇-Ph-POSS 的 EP 复合材料的 CO 和芳香族化合的吸收强度稍有降低,但是脂肪族气态挥发物的释放量却有所增加。而添加 Na-Ph-POSS 到 EP 后,所得到的复合材料,即脂肪族化合物和芳香族化合物的吸收强度明显降低。此外,由图 4-35(b)可知,与 EP 和 EP/5% T₇-Ph-POSS 相比,添加了 Na-Ph-POSS 的 EP 复合材料 CO 的产生的时间有所提前,但结束的时间更早,其积分面积(释放量)明显减少。这进一步验证了锥形量热的测试结果。以上分析表明,Na-Ph-POSS 的添加可以改变所得 EP 复合材料的热分解途径,从而抑制这些有害可燃性气体的释放。

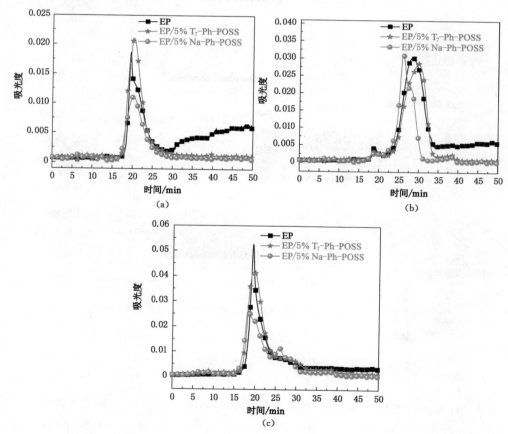

图 4-35　复合材料在空气氛下热解过程中产生的特征挥发性产物的释放速率 FTIR 谱

图 4-36 显示了 EP/T$_7$-Ph-POSS 和 EP/Na-Ph-POSS 复合材料在锥形量热测试时阻燃机理示意图和燃烧时的数码照片。通过以上从凝聚相和气相两方面对复合材料阻燃机理的分析可知,对于 EP/T$_7$-Ph-POSS 复合材料,由 TG 和 Cone 测试结果可知,面向辐射锥受热面的 EP 基体会首先被点燃而发生分解,而内部的 T$_7$-Ph-POSS 由于热分解温度较高,在这个过程中并不会发生明显的热分解。在 EP 基体燃烧殆尽后,T$_7$-Ph-POSS 逐渐分解为白色的 SiO$_2$。因此,EP/T$_7$-Ph-POSS 复合材料燃烧后形成了白色的多孔残炭,这种炭层对于保护剩余基体材料免于进一步燃烧是非常不利的。相反,由于 Na-Ph-POSS 的热分解过程与纯 EP 相似,因而 EP/Na-Ph-POSS 复合材料的受热表面会迅速形成包含 SiO$_2$、稠环芳香烃和 Na$_2$CO$_3$ 等物质的灰白色网状绝热炭层,内部形成含碳量极高的致密炭层。这种双重保护炭层有效抑制了有毒和易燃性气体(如 CO、脂肪族化合物和芳香族化合物)的释放。因此,相比于在 EP 中添加 T$_7$-Ph-POSS,Na-Ph-POSS 的添加能够更有效地促进复合材料在燃烧过程中的催化成炭作用,进而形成更高质量的稳定炭层以减轻火灾危险。

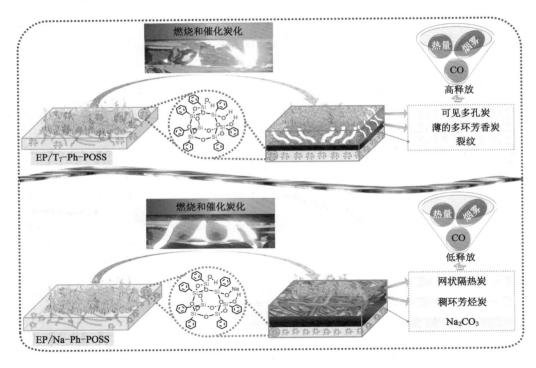

图 4-36   复合材料在锥形量热测试时催化炭化示意图和数码照片

4.6   复合材料的介电性能

随着 5G 技术的发展,对电子设备所用复合材料的电性能提出了更高的要求。本节对 EP、EP/T$_7$-Ph-POSS 和 EP/Na-Ph-POSS 复合材料的介电性能从介电常数(ε')和介电损耗($\tan\delta$)两个参数做了评估。介电常数是用来衡量绝缘材料的电荷存储能力。介电损耗是指绝缘材料在电场的作用下，由于介质电导和极化的滞后效应，因而在其内部引起的能量消耗。同时，由于现阶段电子设备工作频率的增加，因而理想的绝缘材料应该具有较低的介电常数和介电损耗值[41-42]。复合材料的数码照片、介电常数和介电损耗曲线如图 4-37 所示。与纯 EP 相比，当 T_7-Ph-POSS 的添加量为 3% 时，所制备复合材料的介电常数值出现轻微的降低。然而，继续增加 T_7-Ph-POSS 的添加量至 5% 时，所得复合材料的介电常数和介电损耗值与纯 EP 几乎相同，甚至更高。因为随着 T_7-Ph-POSS 添加量的增大，T_7-Ph-POSS 在 EP 基体内产生了二次团聚，导致其介电常数值与纯 EP 类似。相反，在 EP 中添加了 Na-Ph-POSS 后，随着添加量的增大，所得到复合材料的介电常数和介电损耗值明显降低。尤其当 Na-Ph-POSS 的添加量为 5% 时，与纯 EP 相比，介电常数值降低了将近 1/2。这结果与 Na-Ph-POSS 在 EP 基体中的均匀分散密不可分。因此，Na-Ph-POSS 作为 EP 的填料在电子封装材料和印刷电路板领域具有广阔的应用前景。

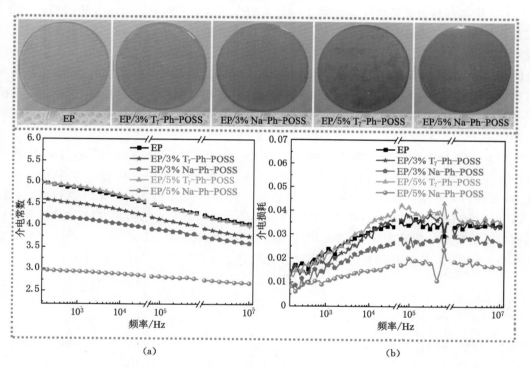

图 4-37　复合材料的数码照片、介电常数和介电损耗曲线

4.7　本章小结

（1）以苯基三乙氧基硅烷、NaOH 和 H_2O 为原料，通过水解缩合反应成功制备了含金属钠的七苯基不完全缩聚硅倍半氧烷钠盐（Na-Ph-POSS）及其含丙酮分子配体的络合物（Na-Ph-POSS-丙酮）。FTIR、NMR 和 MALDI-TOF MS 等多种分析手段证明了丙酮分子配体可以通过在 180 ℃下烘干除去，而且不会影响 Na-Ph-POSS 的化学结构。

MALDI-TOF MS 结果也进一步证明了所得产物 Na-Ph-POSS 为单一的不完全缩聚硅倍半氧烷钠盐。

（2）将实验室制备的 T_7-Ph-POSS 和本章合成的 Na-Ph-POSS 以 3％和 5％的添加量添加到 DGEBA/DDS 环氧树脂（EP）中形成复合材料。

① 对复合材料冷冻淬断面的 SEM 和 TEM 测试结果表明，Na-Ph-POSS 在 EP 中呈现纳米条状 Na-Ph-POSS 编织成的网状分散，而 T_7-Ph-POSS 在 EP 基体中呈现粒径变化范围较大的球形颗粒不均匀分散。

② TG 结果表明，T_7-Ph-POSS 对所形成复合材料的热分解影响较小。Na-Ph-POSS 可以加快 EP 复合材料的热分解速率，在热分解过程中增强催化成炭作用。

③ 锥形量热和烟密度测试结果显示，相于添加 T_7-Ph-POSS，在 EP 中添加 Na-Ph-POSS，在降低所得复合材料燃烧过程中的热释放、烟释放和毒性气体的产生具有更明显的效果。

（3）锥形量热测试后的残炭形貌、SEM 和 XPS 测试结果表明，含有 T_7-Ph-POSS 的 EP 复合材料由于在燃烧中未能形成有效的保护性炭层而使得 EP/T_7-Ph-POSS 复合材料具有较低的阻燃和抑烟效果。EP/Na-Ph-POSS 复合材料阻燃和抑烟性能提升的原因在于其燃烧的初始阶段，Na-Ph-POSS 在复合材料的表面聚集而迅速产生了外层富含 SiO_2 白色热绝缘炭层和内部富含 Na_2CO_3、稠环芳香烃和 C—Si 等高质量热稳定致密炭层，这种双重保护炭层的快速形成有效抑制了外界和基体内部热量和气体的交换，进而达到了良好的阻燃和抑烟效果。

（4）在气相阻燃方面，相比于纯 EP 和 EP/T_7-Ph-POSS 复合材料，在 EP 中添加 Na-Ph-POSS 能够使得所形成的 EP/Na-Ph-POSS 复合材料的热分解过程发生明显的变化，也能够显著降低一些有毒易燃气体（如脂肪族化合物、CO 和芳香族化合物）的释放量。Na-Ph-POSS 的添加能够显著降低 EP 复合材料的介电常数和介电损耗，以拓宽 EP 复合材料在电子封装材料领域的应用。Na-Ph-POSS 的成功合成和在 EP 中的应用为含金属元素的有机 - 无机多功能杂化材料类阻燃剂的设计提供了新的策略。

本章参考文献

[1] SMITH R J, HOLDER K M, RUIZ S, et al. Environmentally benign halloysite nanotube multilayer assembly significantly reduces polyurethane flammability[J]. Advanced functional materials, 2018, 28(27): 1703289.

[2] SONG P G, DAI J F, CHEN G R, et al. Bioinspired design of strong, tough, and thermally stable polymeric materials via nanoconfinement[J]. ACS Nano, 2018, 12(9): 9266-9278.

[3] FANG F, RAN S Y, FANG Z P, et al. Improved flame resistance and thermo-mechanical properties of epoxy resin nanocomposites from functionalized graphene oxide via self-assembly in water[J]. Composites part B: engineering, 2019, 165: 406-416.

[4] HUO S Q, YANG S, WANG J, et al. A liquid phosphorus-containing imidazole

derivative as flame-retardant curing agent for epoxy resin with enhanced thermal latency, mechanical, and flame-retardant performances [J]. Journal of hazardous materials,2020,386:121984.

[5] XU Y J, SHI X H, LU J H, et al. Novel phosphorus-containing imidazolium as hardener for epoxy resin aiming at controllable latent curing behavior and flame retardancy[J]. Composites part B:engineering,2020,184:107673.

[6] XIAO Y L,JIN Z Y,HE L X,et al. Synthesis of a novel graphene conjugated covalent organic framework nanohybrid for enhancing the flame retardancy and mechanical properties of epoxy resins through synergistic effect [J]. Composites part B: engineering,2020,182:107616.

[7] ZHANG Q Q,WANG J,YANG S,et al. Facile construction of one-component intrinsic flame-retardant epoxy resin system with fast curing ability using imidazole-blocked bismaleimide[J]. Composites part B:engineering,2019,177:107380.

[8] MU X W, WANG D, PAN Y, et al. A facile approach to prepare phosphorus and nitrogen containing macromolecular covalent organic nanosheets for enhancing flame retardancy and mechanical property of epoxy resin[J]. Composites part B:engineering,2019, 164:390-399.

[9] FANG F,SONG P G,RAN S Y,et al. A facile way to prepare phosphorus-nitrogen-functionalized graphene oxide for enhancing the flame retardancy of epoxy resin[J]. Composites communications,2018,10:97-102.

[10] FANG F, HUO S Q, SHEN H F, et al. A bio-based ionic complex with different oxidation states of phosphorus for reducing flammability and smoke release of epoxy resins[J]. Composites communications,2020,17:104-108.

[11] BOCIO A, LLOBET J M, DOMINGO J L, et al. Polybrominated diphenyl ethers (PBDEs) in foodstuffs:human exposure through the diet[J]. Journal of agricultural and food chemistry,2003,51(10):3191-3195.

[12] DE BOER J. Brominated flame retardants in the environment-the price for our convenience? [J]. Environmental chemistry,2004,1(2):81-85.

[13] SONG G L,MA S D,TANG G Y,et al. Preparation and characterization of flame retardant form-stable phase change materials composed by EPDM,paraffin and nano magnesium hydroxide[J]. Energy,2010,35(5):2179-2183.

[14] PANG H C,NING G L,GONG W T,et al. Direct synthesis of hexagonal $Mg(OH)_2$ nanoplates from natural brucite without dissolution procedure [J]. Chemical communications,2011,47(22):6317-6319.

[15] DASARI A,YU Z Z,CAI G P,et al. Recent developments in the fire retardancy of polymeric materials[J]. Progress in polymer science,2013,38(9):1357-1387.

[16] WANG X, KALALI E N, WAN J T, et al. Carbon-family materials for flame retardant polymeric materials[J]. Progress in polymer science,2017,69:22-46.

［17］YANG H T,YU B,SONG P G,et al. Surface-coating engineering for flame retardant flexible polyurethane foams：a critical review［J］. Composites part B：engineering, 2019,176：107185.

［18］ZHANG W C,CAMINO G, YANG R J. Polymer/polyhedral oligomeric silsesquioxane (POSS) nanocomposites：an overview of fire retardance［J］. Progress in polymer science,2017,67：77-125.

［19］WANG X X,ZHANG W C,QIN Z L,et al. Optically transparent and flame-retarded polycarbonate nanocomposite based on diphenylphosphine oxide-containing polyhedral oligomeric silsesquioxanes［J］. Composites part A：applied science and manufacturing,2019,117：92-102.

［20］YE M F,WU Y W,ZHANG W C,et al. Synthesis of incompletely caged silsesquioxane (T7-POSS) compounds via a versatile three-step approach［J］. Research on chemical intermediates,2018,44(7)：4277-4294.

［21］QI Z,ZHANG W C,HE X D,et al. High-efficiency flame retardancy of epoxy resin composites with perfect T8 caged phosphorus containing polyhedral oligomeric silsesquioxanes (P-POSSs)［J］. Composites science and technology,2016,127：8-19.

［22］WU Q,ZHANG C,LIANG R,et al. Combustion and thermal properties of epoxy/ phenyltrisilanol polyhedral oligomeric silsesquioxane nanocomposites［J］. Journal of thermal analysis and calorimetry,2010,100(3)：1009-1015.

［23］YE T P,LIAO S F,ZHANG Y,et al. Cu(0) and Cu(Ⅱ) decorated graphene hybrid on improving fireproof efficiency of intumescent flame-retardant epoxy resins［J］. Composites part B：engineering,2019,175：107189.

［24］KONG Q H,WU T,ZHANG J H,et al. Simultaneously improving flame retardancy and dynamic mechanical properties of epoxy resin nanocomposites through layered copper phenylphosphate［J］. Composites science and technology,2018,154：136-144.

［25］ZHOU K Q,LIU J J,SHI Y Q,et al. MoS_2 nanolayers grown on carbon nanotubes：an advanced reinforcement for epoxy composites ［J］. ACS applied materials & interfaces,2015,7(11)：6070-6081.

［26］GIEßMANN S,LORENZ V,LIEBING P,et al. Synthesis and structural study of new metallasilsesquioxanes of potassium and uranium［J］. Dalton transactions, 2017, 46(8)：2415-2419.

［27］PINKERT D, LIMBERG C. Iron silicates, iron-modulated zeolite catalysts, and molecular models thereof［J］. Chemistry,2014,20(30)：9166-9175.

［28］DRONOVA M S,BILYACHENKO A N,YALYMOV A I,et al. Solvent-controlled synthesis of tetranuclear cage-like copper(ii) silsesquioxanes. Remarkable features of the cage structures and their high catalytic activity in oxidation with peroxides［J］. Dalton trans,2014,43(2)：872-882.

［29］KRUG D J,LAINE R M. Durable and hydrophobic organic-inorganic hybrid coatings via fluoride rearrangement of phenyl T_{12} silsesquioxane and siloxanes[J]. ACS applied materials & interfaces,2017,9(9):8378-8383.

[30] ZHAO X M,GUERRERO F R,LLORCA J,et al. New superefficiently flame-retardant bioplastic poly(lactic acid):flammability,thermal decomposition behavior, and tensile properties[J]. ACS sustainable chemistry & engineering,2016,4(1): 202-209.

[31] HAM W T,MUELLER H A,SLINEY D H. Retinal sensitivity to damage from short wavelength light[J]. Nature,1976,260:153-155.

[32] CHEN S H,XU R Z,LIU J M,et al. Simultaneous production and functionalization of boron nitride nanosheets by sugar-assisted mechanochemical exfoliation [J]. Advanced materials,2019,31(10):e1804810.

[33] NASH T R,CHOW E S,LAW A D,et al. Daily blue-light exposure shortens lifespan and causes brain neurodegeneration in Drosophila[J]. NPJ aging and mechanisms of disease,2019,5:8.

[34] KALALI E N,WANG X,WANG D Y. Multifunctional intercalation in layered double hydroxide:toward multifunctional nanohybrids for epoxy resin[J]. Journal of materials chemistry A,2016,4(6):2147-2157.

[35] GUO W W,NIE S B,KALALI E N,et al. Construction of SiO_2@UiO-66 core-shell microarchitectures through covalent linkage as flame retardant and smoke suppressant for epoxy resins[J]. Composites part B:engineering,2019,176:107261.

[36] LI X W,FENG Y Z,CHEN C,et al. Highly thermally conductive flame retardant epoxy nanocomposites with multifunctional ionic liquid flame retardant-functionalized boron nitride nanosheets[J]. Journal of materials chemistry A, 2018, 6 (41): 20500-20512.

[37] LI X S,ZHAO Z L,WANG Y H,et al. Highly efficient flame retardant,flexible,and strong adhesive intumescent coating on polypropylene using hyperbranched polyamide[J]. Chemical engineering journal,2017,324:237-250.

[38] YUAN G W,YANG B,CHEN Y H,et al. Synthesis of a novel multi-structure synergistic POSS-GO-DOPO ternary graft flame retardant and its application in polypropylene[J]. Composites part A:applied science and manufacturing,2019,117: 345-356.

[39] ZHANG W C,LI X M,FAN H B,et al. Study on mechanism of phosphorus-silicon synergistic flame retardancy on epoxy resins[J]. Polymer degradation and stability, 2012,97(11):2241-2248.

[40] XU W Z,ZHANG B L,WANG X L,et al. The flame retardancy and smoke suppression effect of a hybrid containing $CuMoO_4$ modified reduced graphene oxide/ layered double hydroxide on epoxy resin[J]. Journal of hazardous materials,2018, 343:364-375.

[41] JIAO Y C, YUAN L, LIANG G Z, et al. Dispersing carbon nanotubes in the unfavorable phase of an immiscible reverse-phase blend with Haake instrument to fabricate high-*k* nanocomposites with extremely low dielectric loss and percolation threshold[J]. Chemical engineering journal, 2016, 285: 650-659.

[42] XU Y J, CHEN L, RAO W H, et al. Latent curing epoxy system with excellent thermal stability, flame retardance and dielectric property[J]. Chemical engineering journal, 2018, 347: 223-232.

第 5 章　七异丁基含锂硅倍半氧烷阻燃环氧树脂

5.1　引言

　　低维多功能纳米材料由于其优异的理化性能受到了更广泛的关注，尤其表现在各种新型二维(2D)纳米材料的制备上[1-3]。特别地，精确和可控制备具有规则几何形状的多种维度的纳米级或微米级晶体材料仍然面临着巨大的挑战[4-7]。此外，制备 2D 纳米材料最初始的方法是通过物理机械剥离具有层状结构的块状材料，采用此种方法虽然可以获得高质量的 2D 纳米材料，但产率较低，难以满足 2D 纳米材料作为填料在高分子复合材料领域的应用。随后，液相超声剥离作为一种能够大规模和低成本制备 2D 纳米片的技术而被广泛推广，通过此种方法得到的 2D 纳米片能够有效保持材料结构的完整性[8-9]。而化学气相沉积(CVD)法作为一种出色的技术制备了多种 2D 超薄纳米片，如石墨烯[10]、六方氮化硼[11]、过渡金属二卤化钨[12-13]、和无机分子纳米晶体[14]。但是，该方法通常适用于无机 2D 材料的合成，并不适用于有机‐无机 2D 纳米材料的制备。因为该方法一般需要在高温和高压等条件下进行，而高温必然会破坏其分子结构中的有机成分，所以液相超声剥离法更适用于制备分子结构中含有有机成分的 2D 纳米材料。

　　多面体低聚硅倍半氧烷(POSS)是一种有机‐无机纳米杂化材料，可以被认为是一种具有 3D 刚性 Si—O—Si 笼状结构的球形分子纳米颗粒[15-16]。由于 POSS 分子结构中无机部分 Si—O—Si 笼状结构的存在，因而大部分的 POSS 都具有优异的热稳定性。此外，大量的有机侧链基团又赋予 POSS 与聚合物的良好相容性。已经有大量的研究工作集中在合成含有不同种功能基团的 POSS，进而用来增强高分子基复合材料的阻燃性[17]。例如，Bilyachenko 等人[18-21]合成了大量"三明治"状或"冷却塔"型含铜或钴的金属硅倍半氧烷，并将其成功用于催化苯和醇的氧化反应。这类金属 POSS 的成功制备进一步丰富了 POSS 的种类，同时也扩展了它们在催化领域中的应用，但它只限于实验室的合成，并没有进一步放大。此外，Huang 等人[22]通过化学反应将 4 个相同/不同的 POSS 笼键接到一个大分子的 4 个末端，形成了不同的四面体纳米级超分子晶体。随后，另一种方法是将含有反应性官能团的 POSS[23]和多金属氧酸盐[24-26](polyoxometalates，POMs)通过简单的化学反应整合到一个大分子内，得到新的分子纳米颗粒。这类超分子不仅具有精确的分子结构，而且具有纳米尺寸。此外，以这些理想的分子纳米颗粒为结构单元，通过自组装的方式能够形成具有可控维度和规则几何形状的自组装体。值得注意的是，这类自组装纳米晶体的形貌与溶剂的种类密切相关[27-28]。因此，这类尺寸可调控的具有规则几何形貌的纳米晶体仍需要进行深入的研究。然而，目前并没有任何关于超声辅助下在不同种溶剂中，只通过金属硅倍半氧烷的自组装过程而产生规则几何形状微-纳米晶体的研究。此外，了解纳米晶体的生长机制为获得可设计和不同维度纳米晶体提供了可能。

首先，通过简单的"一锅法"以异丁基三乙氧基硅烷、$LiOH \cdot H_2O$ 和 H_2O 为原料，成功合成了一种含有金属锂的七异丁基硅倍半氧烷（ibu-T_7-Li-POSS）。其次，通过 FTIR、NMR、MALDI-TOF MS 和 XRD 对其化学结构进行了充分验证，研究了 ibu-T_7-Li-POSS 粉末在不同浓度的乙醇溶液中所形成的晶体形貌，还研究了其在丙酮和氯仿中所形成的晶体形貌。再次，在氯仿中得到了 ibu-T_7-Li-POSS 的单晶。将制备的 ibu-T_7-Li-POSS 用于阻燃环氧树脂（EP）。再次，通过锥形量热（Cone）测试、极限氧指数（LOI）测试和弯曲性能测试，研究了 ibu-T_7-Li-POSS 对所得到的 EP 复合材料的阻燃、抑烟和力学性能的影响。并通过 TG-FTIR、XPS 和拉曼光谱等测试手段分析了阻燃机理。

5.2 实验部分

5.2.1 实验原料

本章涉及的原料见表 5-1。

表 5-1　主要实验原料

名称	生产厂家	规格
丙酮、甲醇、乙醇和氯仿	北京通广精细化工公司	分析纯
一水合氢氧化锂（$LiOH \cdot H_2O$）	北京通广精细化工公司	分析纯
异丁基三乙氧基硅烷（IBTES）	Sigma-Aldrich 公司	>95%
去离子水	北京化学试剂公司	分析纯
环氧树脂（DGEBA，E-44）	肥城德源化工有限公司	分析纯
氨基砜（DDS）	天津光复精细化工研究所	>98%

5.2.2 测试仪器和方法

红外光谱仪（FTIR）、核磁共振仪（NMR）、基质辅助激光解吸电离飞行时间质谱仪（MALDI-TOF MS）、X 射线衍射仪（XRD）、热失重（TG）分析、差示扫描量热仪（DSC）测试、极限氧指数（LOI）测试、锥形量热（Cone）测试、X 射线光电子能谱分析（XPS）和热重-红外联用（TG-FTIR）所采用的仪器和测试条件与第 2 章或第 4 章一致。

单晶 X 射线衍射仪测试：德国 Bruke 公司，型号为 Bruker D8 venture。采用低温铜靶，单晶样品的长、宽、高均不低于 0.1～0.3 mm，所选单晶要求晶体表面光泽、颜色和透明度保持一致。

原子力显微镜（AFM）：ibu-T_7-Li-POSS 晶体的自组装形貌是在 Bruker Dimension Icon 上测试的。检测在云母基底上生长的 ibu-T_7-Li-POSS 晶体的高度。

扫描电子显微镜（SEM）：ibu-T_7-Li-POSS 晶体的自组装形貌和 EP 复合材料的冷冻淬断面的微观形貌采用型号为 Hitachi S-4800 的扫描电子显微镜观察。

透射电子显微镜（TEM）：采用型号为 FEI Tecnai G2 F30 的透射电子显微镜观察 ibu-T_7-Li-POSS 晶体的自组装形貌，通过能量色散 X 射线光谱法（EDXS EX-350）验证了 ibu-T_7-Li-POSS 晶体表面上的 C、O 和 Si 元素的分布。

力学性能测试：采用 DXLL-5000 型电子拉力试验机，上海登杰机器设备有限公司，拉伸测试根据 GB/T 1040.2—2022 标准，所采用的样条为标准的哑铃状样条，标距是 50 mm，宽（厚）度为 4 mm，采用的拉伸速率是 2 mm/min；弯曲强度的测试根据 GB/T 2567—2008 标准，样品尺寸为 100 mm×15 mm×4 mm，测试的最大速率为 2 mm/min，每组至少测试 5 个样品，并得到其平均值。

5.3 产物 ibu-T_7-Li-POSS 的合成及结构表征

5.3.1 ibu-T_7-Li-POSS 的合成

在常温下，首先在干燥的、装有磁力搅拌的 2000 mL 三口圆底烧瓶中加入丙酮（440 mL）和甲醇（60 mL）的混合液，将 LiOH·H_2O（10 g）和 H_2O（8 mL）加入混合液中，此时液体因为 LiOH·H_2O 不溶解而呈现浑浊液。然后将此浑浊液的温度加热至 55～65 ℃，并且将异丁基三乙氧基硅烷（115.3 g）在 30～50 min 内缓慢滴加至浑浊液。异丁基三乙氧基硅烷滴加过程中浑浊液中的不溶物逐渐溶解，继续将所得混合液搅拌 12～18 h。最后，通过减压蒸馏除去溶剂，得到白色粉末状固体产物，并且将其在 80 ℃下鼓风烘干箱中干燥 10～12 h，以获得七异丁基含锂硅倍半氧烷（ibu-T_7-Li-POSS）粉末（58.75 g，产率为 98.3%）。合成路线如图 5-1 所示。（与前文中苯基体系不同，这里得到的产物 ibu-T_7-Li-POSS 分子中含有 3 个 Si—O—Li，因为后文 ibu-T_7-Li-POSS 的红外光谱并未检测到 OH 的出现，且其热重结果也没有 200 ℃以下的失重。同时，单晶解析结果显示 ibu-T_7-Li-POSS 分子含有 3 个 Si—O—Li）

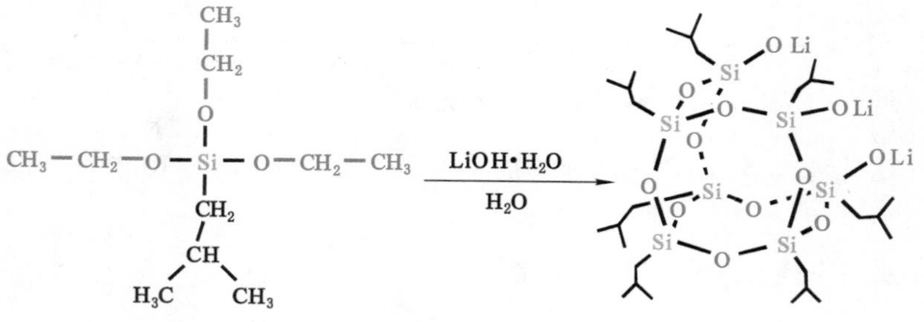

图 5-1 ibu-T_7-Li-POSS 的合成路线

5.3.2 ibu-T_7-Li-POSS 的 FTIR 分析

原料异丁基三乙氧基硅烷（IBTES）、LiOH·H_2O 和产物 ibu-T_7-Li-POSS 的 FTIR 谱

如图 5-2 所示。IBTES 的 FTIR 谱中 951 cm^{-1} 和 1 389 cm^{-1} 处的—O—CH$_2$—CH$_3$ 特征吸收峰在 ibu-T$_7$-Li-POSS 的 FTIR 谱中完全消失,证明 IBTES 中的—O—CH$_2$—CH$_3$ 基团在 LiOH·H$_2$O 的存在下完全发生水解反应。波数在 1 000～1 100 cm^{-1},对于 IBTES 的 FTIR 谱只出现了一个位于 1 075 cm^{-1} 的 Si—O 基团的特征吸收峰,而 ibu-T$_7$-Li-POSS 的 FTIR 谱中出现了三处 Si—O—Si 特征吸收峰,分别为 1 005 cm^{-1}、1 034 cm^{-1} 和 1 052 cm^{-1}。这一特点不同于完整的 T$_8$ 笼形结构 POSS 化合物,如八苯基-POSS 和八乙烯基-POSS,他们都具有规则的化学结构,其中 Si—O—Si 基团的化学环境是单一且相同的,因此,其 FTIR 谱只在 1 080 cm^{-1} 附近出现一个特征吸收峰[29-30]。而产物 ibu-T$_7$-Li-POSS 的 FTIR 谱出现了 Si—O—Si 官能团的多重特征峰,表明该化合物中 Si—O—Si 基团所处的化学环境较为复杂,并未构成完整的笼形结构。此外,在产物 ibu-T$_7$-Li-POSS 的 FTIR 谱中 967 cm^{-1} 处出现了一个新的吸收峰,归属于 Si—O—Li 键的特征峰,证明 LiOH·H$_2$O 在此反应中作为原料发生了反应,形成了 Si—O—Li 键而并不是作为催化剂。原料 IBTES 中的惰性有机官能团(i-C$_4$H$_9$)仍保留在产物 ibu-T$_7$-Li-POSS 中。以上研究结果表明,IBTES 在 LiOH·H$_2$O 的存在下发生了水解反应,生成了含异丁基、Si—O—Si 和 Si—O—Li 等官能团的不完全缩聚的 POSS 化合物。

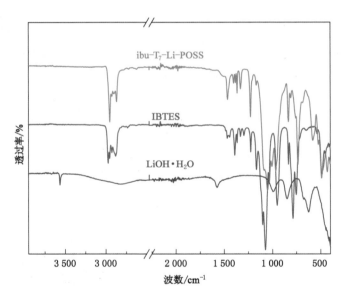

图 5-2 LiOH·H$_2$O、IBTES 和 ibu-T$_7$-Li-POSS 的 FTIR 谱

5.3.3 ibu-T$_7$-Li-POSS 的 NMR 分析

为了进一步判定所得产物的精确化学结构,对原料 IBTES 和 ibu-T$_7$-Li-POSS 做了核磁分析。IBTES 和 ibu-T$_7$-Li-POSS 的 ^{1}H NMR 谱如图 5-3 所示,原料 IBTES 的 ^{1}H NMR 谱中—O—CH$_2$—CH$_3$ 活性官能团中的甲基(g 处)和亚甲基(h 处)分别在 $(1.20～1.26)×10^{-6}$ 和 $(3.80～3.85)×10^{-6}$ 区间内出现了多个氢质子共振峰,而这些共振峰在 ibu-T$_7$-Li-POSS 的 ^{1}H NMR 谱中完全消失了,证明 IBTES 发生了水解缩合反应。此外,IBTES 中有机官能团

异丁基(i-C_4H_9)上的 3 种化学环境(分别为图 5-3 中 d、e 和 f 处)的氢质子,在 ibu-T_7-Li-POSS 的 ^{1}H NMR 谱变得更加复杂,这是因为不完全缩聚的 POSS 笼形结构所致。但是,ibu-T_7-Li-POSS 的 ^{1}H NMR 谱只出现了 3 处(分别为图 5-3 中 a、b 和 c 处)共振峰,且对应共振峰的积分面积比仍为 6∶1∶2,这与给出的结构式中不同化学环境的氢原子个数相吻合,表明 IBTES 发生水解缩合反应后没有任何副产物的生成。

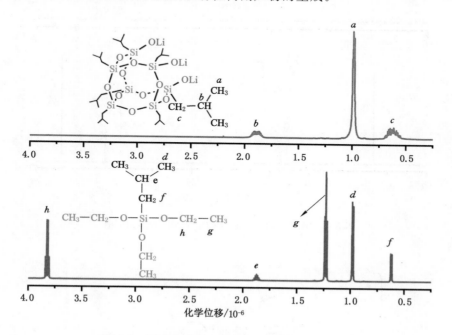

图 5-3　IBTES 和 ibu-T_7-Li-POSS 的 ^{1}H NMR 谱

图 5-4 给出了 IBTES 和 ibu-T_7-Li-POSS 的 ^{13}C NMR 谱。与 FTIR 和 ^{1}H NMR 测试结果相同,IBTES 中属于—O—CH_2—CH_3 活性官能团中-CH_2(i 处,$58.19×10^{-6}$)和—CH_3(j 处,$18.26×10^{-6}$)的碳原子共振峰,在 ibu-T_7-Li-POSS 的 ^{13}C NMR 谱中完全消失。且 IBTES 的 ^{13}C NMR 谱中分别位于 $25.82×10^{-6}$(—CH_3)、$23.86×10^{-6}$(—CH_2)和 $20.68×10^{-6}$(—CH)处 3 种异丁基碳原子共振峰,在产物 ibu-T_7-Li-POSS 的 ^{13}C NMR 谱中变成了 $(22.20～26.43)×10^{-6}$ 复杂的多重共振峰。该结果表明,产物 ibu-T_7-Li-POSS 中异丁基所处的化学环境较为复杂,这与 FTIR 和 ^{1}H NMR 测试结果相互印证。

^{29}Si NMR 作为一种验证 POSS 类化合结构的重要表征手段,产物 ibu-T_7-Li-POSS 的 ^{29}Si NMR 谱如图 5-5 所示。图中只出现了化学位移分别为 $-57.20×10^{-6}$(k)、$-65.45×10^{-6}$(n)和 $-65.79×10^{-6}$(m)的 3 处硅原子共振峰,且 3 个共振峰的积分面积比约为 3(k)∶1(n)∶3(m),分别对应于与 O—Li 键相连的 Si 原子(绿色)、底部的 Si 原子(蓝色)和剩余的 Si 原子(紫色)。此结果与所推测出的结构式相匹配。

5.3.4　ibu-T_7-Li-POSS 的 MALDI-TOF MS 分析

产物 ibu-T_7-Li-POSS 的 MALDI-TOF MS 谱如图 5-6 所示。显然,图中只出现了一个

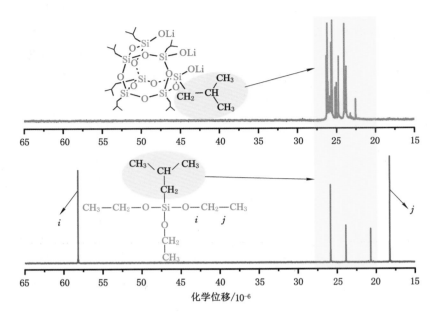

图 5-4 IBTES 和 ibu-T₇-Li-POSS 的¹³C NMR 谱

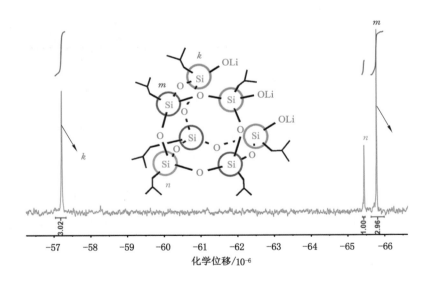

图 5-5 ibu-T₇-Li-POSS 的²⁹Si NMR 谱

主要的分子离子峰且 m/z 值约为 797.0。这一结果首先证实了产物 ibu-T₇-Li-POSS 较为纯净,IBTES 水解缩合反应后并没有副产物的生成。其次,由于 MALDI-TOF MS 谱测试时 ibu-T₇-Li-POSS 中的 Li 离子可能会被激发掉,失去 Li 离子的 ibu-T₇-Li-POSS 结构式和七异丁基三硅醇一样,这样使得稀释液中残留大量的 Li 离子。因此,测试所得的 m/z 值(797.0)恰好等于七异丁基三硅醇的相对分子质量加上锂元素的相对原子质量,如图 5-6(a)所示。但是,对主要的分子离子峰附近进一步放大可知,另外出现了 3 个裂峰,且

两相邻峰之间 m/z 的差值为 $1m/z$,其值大小正好为氢元素的相对原子质量。而在 MALDI-TOF MS 测试时为了促进分子形成,基质中会引入钠盐或者钾盐,因此会有 $[M+H]^+$、$[M+Na]^+$ 或 $[M+K]^+$ 的产生。所以,这些分子离子峰产生的原因是形成了如图 5-6(b) 中所示的结构。

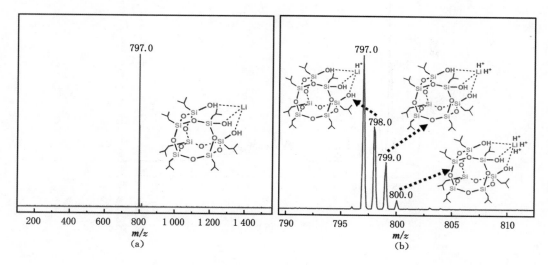

图 5-6　ibu-T$_7$-Li-POSS 的 MALDI-TOF MS 谱

5.3.5　ibu-T$_7$-Li-POSS 的 XRD 分析

图 5-7 给出了反应后得到的 ibu-T$_7$-Li-POSS 粉末经 200 目过筛后的 XRD 光谱。可以看出,$2\theta = 4° \sim 13°$ 范围内出现了多个强度较高且峰形尖锐的衍射峰,同时在 $2\theta = 16° \sim 26°$ 出现一个宽的衍射峰,而且宽峰是由多个强度较低的尖峰组成,表明合成的 ibu-T$_7$-Li-POSS 粉末具有较高的结晶度。

5.3.6　ibu-T$_7$-Li-POSS 的 DSC 分析

产物 ibu-T$_7$-Li-POSS 的 DSC 曲线如图 5-8 所示。由 DSC 曲线可知,ibu-T$_7$-Li-POSS 粉末在从 40 ℃升温到 300 ℃的过程中,没有出现明显的吸热峰(熔融吸热过程)和放热峰,说明 ibu-T$_7$-Li-POSS 在热分解之前并不发生熔融过程。

5.3.7　ibu-T$_7$-Li-POSS 的热重分析

产物 ibu-T$_7$-Li-POSS 在氮气氛和空气氛下的 TG 曲线如图 5-9 所示,相应数据列于表 5-2。ibu-T$_7$-Li-POSS 在空气氛和氮气氛下的初始分解温度分别为 257 ℃和 335 ℃。因此,在氧气的存在下,ibu-T$_7$-Li-POSS 的热分解温度明显降低。一般地,POSS 类化合物在空气氛中高温阶段因为发生热氧分解,导致在 800 ℃时残炭量小于同等条件下氮气氛中的值[31]。而 ibu-T$_7$-Li-POSS 在空气氛下 800 ℃时的残炭量为 54.7%,此值明显大于氮气氛下 800 ℃时的残炭量(21.0%)。这可能与 ibu-T$_7$-Li-POSS 在空气氛下较低温度热分解的

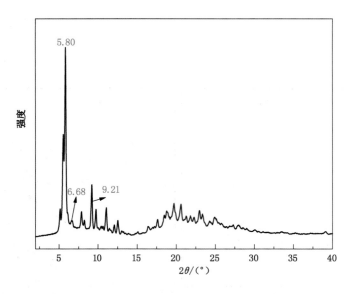

图 5-7　ibu-T$_7$-Li-POSS 的 XRD 光谱

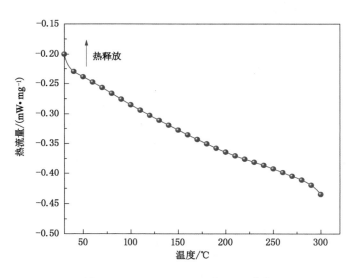

图 5-8　ibu-T$_7$-Li-POSS 的 DSC 曲线

产物密切相关,其中的含硅残炭在氧气的参与下快速形成了大量的二氧化硅,最终导致高温残炭量明显增加。此外,根据热分解速率的不同,ibu-T$_7$-Li-POSS 在氮气氛中的热分解明显分为 270～360 ℃、360～440 ℃和 440～560 ℃等 3 个阶段,其中在第二阶段的热分解最快且质量损失最多。而在空气氛下的热分解只有 230～300 ℃和 300～600 ℃两个阶段,且两者的热分解速率相差不大。综上所述,ibu-T$_7$-Li-POSS 在氮气氛下的初始分解温度较高,在空气氛下高温成炭性能好。

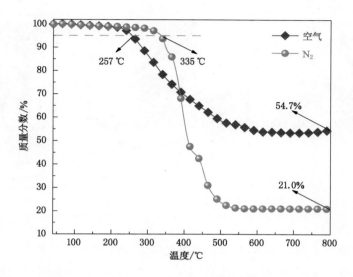

图 5-9　ibu-T$_7$-Li-POSS 在氮气氛和空气氛下的 TG 曲线

表 5-2　ibu-T$_7$-Li-POSS 在氮气氛和空气氛下的 TG 数据

气氛	T_{oneset}/℃	T_{max1}/℃	T_{max2}/℃	T_{max3}/℃	800 ℃时残炭量/％
氮气	335	346	394	454	54.7
空气	257	286	328	—	21.0

注:T_{oneset} 表示质量损失为 5％ 时的温度;T_{max} 表示最大质量损失速率处的温度。

5.4　ibu-T$_7$-Li-POSS 的形貌控制和单晶制备

5.4.1　样品制备

首先,将反应得到的 ibu-T$_7$-Li-POSS 块状固体研磨成粉末。并且将得到的 ibu-T$_7$-Li-POSS 粉末过 200 目的筛网。分别取过筛后的 ibu-T$_7$-Li-POSS 粉末 0.5 mg、4 mg 和 9 mg 加入 10 mL 的乙醇中。然后,将 3 种不同浓度的分散液在 50 ℃ 的水浴中超声 15 min,采用 5 mL 的移液枪分别吸取 3 种不同浓度 ibu-T$_7$-Li-POSS 的乙醇分散液,3 个有碳膜覆盖的铜网(透射电镜样品制备也采用同样的铜网)各滴 1 滴。最后,将铜网在 80 ℃ 的鼓风烘干箱中烘干 4 h 后取出备用。样品的制备流程如图 5-10 所示。AFM 测试所采用 ibu-T$_7$-Li-POSS 的乙醇分散液浓度低于 0.05 mg/mL,并采用云母作为基底材料。

5.4.2　乙醇分散液产物形貌分析

0.05 mg/mL 的 ibu-T$_7$-Li-POSS 乙醇分散液的 TEM 图像及 Si 和 O 元素的面扫图如图 5-11 所示。由图可知,在此浓度下,ibu-T$_7$-Li-POSS 呈现出规则的零维球形纳米颗粒分散,粒径都在 100 nm 以下,但是所形成的球形颗粒尺寸并不均匀。与此分散状态类似,前

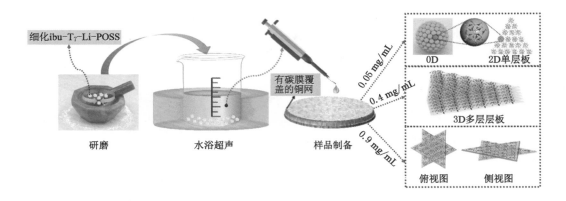

图 5-10　ibu-T$_7$-Li-POSS 样品的制备流程

文中还发现通过简单的机械搅拌,含金属锂的七苯基 POSS 在添加量为 4% 时,在 EP 基体中也会呈现出零维球形纳米颗粒的分散状态[32]。同时,得到的 ibu-T$_7$-Li-POSS 晶体在乙醇分散液中还呈现有二维的三角形纳米片这种特殊的形貌,且三角形纳米片的边长约 500 nm 以上。相应的 Si 和 O 元素的面扫图证明了得到的特殊形貌的晶体为 ibu-T$_7$-Li-POSS 的纳米晶体。因此,根据以上结果可以推断出,在超声和加热的辅助下,此浓度乙醇分散液中得到两种形貌的 ibu-T$_7$-Li-POSS 纳米晶体共存(图 5-10),即零维球形纳米颗粒和二维三角形纳米片。

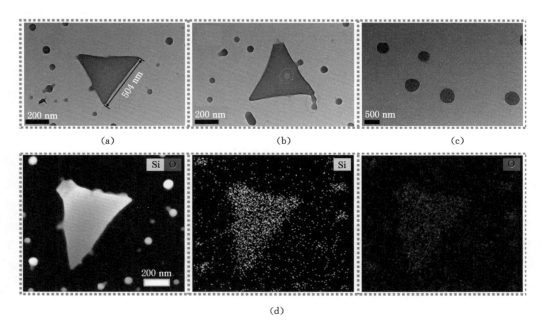

图 5-11　0.05 mg/mL 的 ibu-T$_7$-Li-POSS 乙醇分散液的 TEM 图像
及 Si 和 O 元素的面扫图

为了探究规则形状的三角形 ibu-T$_7$-Li-POSS 纳米晶体的形成机制,其乙醇分散液的 AFM 照片及高度如图 5-12 所示。由平面的 AFM 图可以看出,ibu-T$_7$-Li-POSS 纳米晶体在云母片上呈现出三角形的形貌,其边长大约为 175 nm,而且高度图显示该三角形纳米片的厚度为(1.3±0.2)nm。据文献报道,球形异丁基 POSS 的理论计算直径约为 1.3 nm[28,33]。因此,AFM 测试得到的三角形纳米片的高度值恰好等于 ibu-T$_7$-Li-POSS 单个分子的理论尺寸(图 5-13)。此外,ibu-T$_7$-Li-POSS 的 XRD 光谱(图 5-7)中在 $2\theta=5.80°$ 和 6.68°处出现 2 个强度高且尖锐的衍射峰,根据布拉格方程 $2d\sin\theta=n\lambda$ 计算,当 $n=1$ 时,两者所对应的晶面间距 d 值分别为 1.52 nm 和 1.32 nm。据文献报道,以上根据 XRD 光谱上衍射峰位置得到的计算值对应于所合成 POSS 笼的大小[34-35]。因此,图 5-12(c)所示为三角形超薄单分子层二维 ibu-T$_7$-Li-POSS 纳米片(二维纳米片定义为厚度小于 5 nm 且宽度大于 100 nm 的片状物[36])。此外,如图 5-12(d)所示,在云母片上得到的纳米晶形状仍为三角形,但是边长相比于图 5-12(a)中的 175 nm 增加至 225 nm,且有外扩的趋势。值得注意的是,与 0.05 mg/mL 的 ibu-T$_7$-Li-POSS 乙醇分散液的 TEM 测试结果相同[图 5-11(b)],此 ibu-T$_7$-Li-POSS 纳米片的中心也有一个圆形的凸起,且其高度为 1.3 nm[图 5-12(e)],此值恰好等于单个 ibu-T$_7$-Li-POSS 分子的高度。

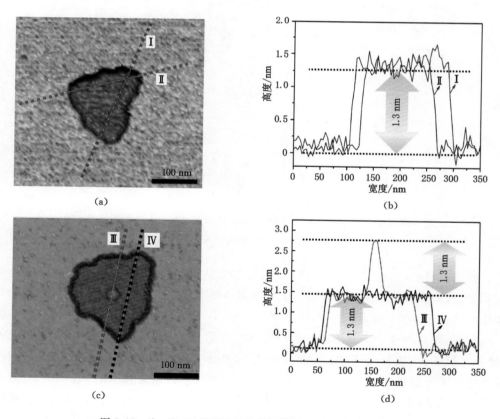

图 5-12　ibu-T$_7$-Li-POSS 乙醇分散液的 AFM 图像及高度

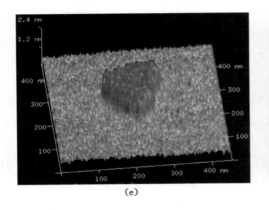
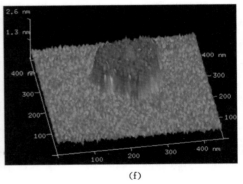

(e)　　　　　　　　　　　　　(f)

图 5-12　（续）

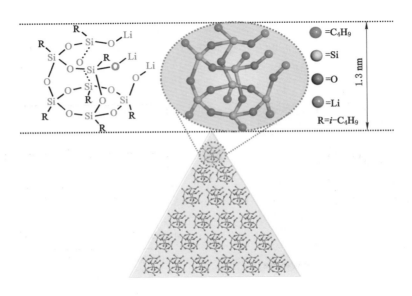

图 5-13　ibu-T$_7$-Li-POSS 的结构式、相应的模型、单个分子的理论高度和
二维 ibu-T$_7$-Li-POSS 超薄单分子层纳米片

　　二维纳米材料因为其所具有的高性能，近年来获得了快速发展。但是，为了满足其工业应用，实现高质量的二维纳米材料的大规模制备是非常重要的[37]。为了制备大量的规则三角形二维 ibu-T$_7$-Li-POSS 纳米片，我们将 ibu-T$_7$-Li-POSS 乙醇分散液的浓度提高到 0.4 mg/mL，制样方法如上文所述。此浓度下得到的 ibu-T$_7$-Li-POSS 纳米晶体的 SEM 和 TEM 图片及 C、O 和 Si 元素的面扫图如图 5-14 所示。在低放大倍数下的 SEM 中出现了大量的边长不等的规则三角形 ibu-T$_7$-Li-POSS 纳米片。在高倍数下的 SEM 中，只选择其中一个 ibu-T$_7$-Li-POSS 纳米片在视野范围内，其边长为 4～6 μm，此值明显大于低浓度下 (0.05 mg/mL)ibu-T$_7$-Li-POSS 单分子层纳米片的边长。结合 TEM 明场像分析可知，所形成的规则三角形纳米片的边缘明显比中心亮，且图 5-14(b)中的 TEM 暗场像可以清晰看到纳米片的层层堆叠。因此，如图 5-14(c)所示，可以推断出：这些呈现出的规则三角形纳米

片是多层 ibu-T$_7$-Li-POSS 超薄纳米片沿着同一个方向通过自组装过程堆叠而成。此外,三角形状纳米片中 C、O 和 Si 元素的面扫图也进一步证明了 3 种元素在其表面的均匀分布,说明得到的纳米晶体成分为 ibu-T$_7$-Li-POSS。

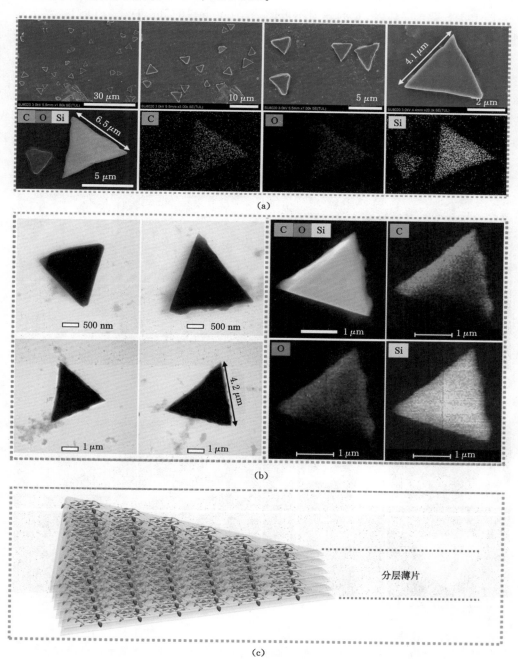

图 5-14　产物 ibu-T$_7$-Li-POSS 纳米晶体的 SEM 图像及 C、O 和 Si 元素的面扫图;
产物 ibu-T$_7$-Li-POSS 纳米晶体的 TEM 图像及 C、O 和 Si 元素的面扫图;
多层 ibu-T$_7$-Li-POSS 纳米片堆叠的模型

进一步提升 ibu-T₇-Li-POSS 乙醇分散液的浓度至 0.9 mg/mL，蒸发乙醇后所得 ibu-T₇-Li-POSS 晶体的形貌如图 5-15 所示。低电压（3 kV）下的 SEM 图可以清晰地看出 ibu-T₇-Li-POSS 晶体的形貌为六角"花瓣"状微米晶体。在高倍镜下，视野中只有一个 ibu-T₇-Li-POSS 微米晶体时，它的表面不再像 0.4 mg/mL 的 ibu-T₇-Li-POSS 乙醇分散液得到的三角形纳米片那么平坦，而是有一个圆形的坑出现在了微米晶的中心。特别地，此 ibu-T₇-Li-POSS 微米晶体的表面仍然呈现规则的三角形，表明此"花瓣"状微米晶体仍是通过三角形状的纳米片沿着不同方向堆叠而成。在高电压（20 kV）下，ibu-T₇-Li-POSS 微米晶体的形状更类似于花瓣。同样，相应的 C、O 和 Si 元素的面扫图确定了所得到的微米晶体成分为 ibu-T₇-Li-POSS。此外，如图 5-15(c)所示，此微米晶体在透射电镜下的微观形貌类似于正八面体状的金属有机框架晶体[38]，但由低电压下的 SEM 图可以清楚地观察到 ibu-T₇-Li-POSS 晶体呈现的并非八面体。

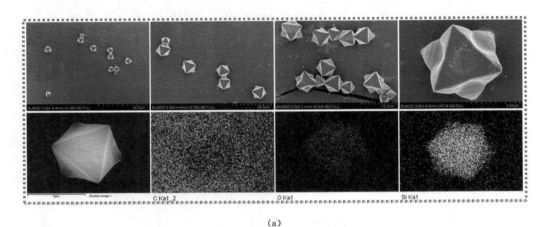

(a)

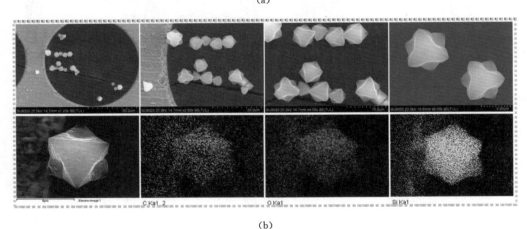

(b)

图 5-15　产物 ibu-T₇-Li-POSS 微米晶体在扫描电压 3 kV 下的 SEM 图像及 C、O 和 Si 元素的面扫图；产物 ibu-T₇-Li-POSS 微米晶体在扫描电压 20 kV 下的 SEM 图像及 C、O 和 Si 元素的面扫图；产物 ibu-T₇-Li-POSS 微米晶体的 TEM 图像

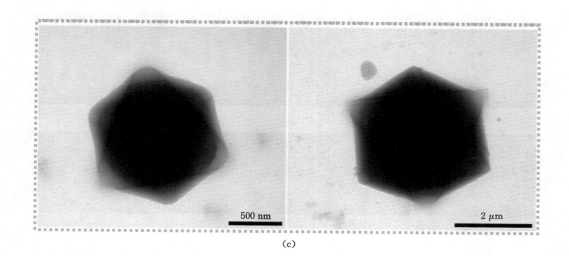

(c)

图 5-15 （续）

综上所述，仅通过调节 ibu-T$_7$-Li-POSS 乙醇分散液的浓度，便能够轻易获得多种形貌的 ibu-T$_7$-Li-POSS 晶体，其中包括：零维球形纳米颗粒、二维三角形超薄单分子层纳米片、二维三角形多层堆叠的纳米片以及"花瓣"状微米晶体。因此，可以推断出：ibu-T$_7$-Li-POSS 所呈现的微观形貌与乙醇分散液的初始浓度密切相关。但是，当溶液浓度增大到一定程度时，晶体表面的形状并不会随着浓度的提升而发生改变，只是晶体的堆叠方式会发生改变，进而会呈现出不一样形貌的尺寸更大的晶体。

5.4.3 丙酮分散液产物形貌分析

一般地，所选分散液的种类也会对在其中形成的晶体形貌有显著的影响[39]。然后，我们将分散液由乙醇改为丙酮，所选 ibu-T$_7$-Li-POSS 丙酮分散液的浓度为 0.4 mg/mL。图 5-16 给出了丙酮分散液中 ibu-T$_7$-Li-POSS 晶体在不同倍数下得到了 SEM 图像及 C、O 和 Si 元素的面扫图。与乙醇分散液中呈现的三角形纳米片的形貌不同，在丙酮中晶体的表面光滑且为规则的平行四边形，边长也达到几个微米。

5.4.4 氯仿分散液产物形貌分析

经过多次实验尝试，发现 ibu-T$_7$-Li-POSS 粉末在氯仿中溶解性最好，因此选择氯仿作为培养 ibu-T$_7$-Li-POSS 单晶的溶剂。单晶制备过程如下：① 取过筛（200 目）后 0.5 g 的 ibu-T$_7$-Li-POSS 粉末置于 10 mL 的元素分析瓶中；② 采用 8 mL 的氯仿溶解 ibu-T$_7$-Li-POSS 粉末；③ 将装有混合液元素分析瓶置于 50 ℃ 水浴中超声 15 min；④ 得到的澄清液体在 0～8 ℃ 的环境中静置 20 d 左右。单晶的制备过程以及所得到单晶的数码照片如图 5-17 所示。在液面的上方和底部会出现一些肉眼可见的带有棱角分明的正八面体菱形透明单晶 [图 5-17(b)]。

单晶培养过程中第④步所得澄清液体静置 1 d 后，通过 5 mL 的移液枪吸取澄清液体，滴一滴到有碳膜覆盖的铜网上，在操作箱中放置 2 h 以挥发完溶剂氯仿。所得 ibu-T$_7$-Li-POSS

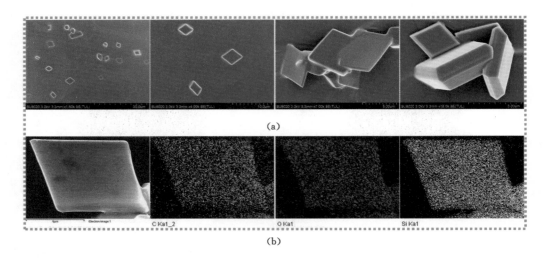

(a)

(b)

图 5-16　丙酮分散液中 ibu-T₇-Li-POSS 平行四边形立方晶体的 SEM 图像及
C、O 和 Si 元素的面扫图

(a)　　　　　　　　　　　　　　(b)

图 5-17　ibu-T₇-Li-POSS 单晶的制备过程及单晶的数码照片

晶体的 SEM 照片以及相应 C、O 和 Si 元素的面扫图如图 5-18 所示。与在丙酮分散液中得到的晶体形貌类似，在氯仿中也得到了具有光滑而平整表面和均匀厚度的平行四边形状 ibu-T₇-Li-POSS 微米级晶体，但其边长变化范围较大。此外，如图 5-18(a)中内嵌的数码照片所示，溶解有 ibu-T₇-Li-POSS 晶体的氯仿出现了"丁达尔效应"。而 C、O 和 Si 元素在整个平行四边形微米晶体表面的均匀分布，进一步证明了此晶体的成分为 ibu-T₇-Li-POSS。

5.4.5　ibu-T₇-Li-POSS 结构解析

将得到的无色透明单晶[图 5-17(b)]采用单晶 X 射线衍射对其结构进行精确解析，相关 ibu-T₇-Li-POSS 单晶的晶体数据如表 5-3 所列，解析获得的分子堆积结构示意图如图 5-19 所示。因此，在氯仿中 ibu-T₇-Li-POSS 产生的单晶属于正交晶系，且一个晶胞中包含 4 个 ibu-T₇-Li-POSS 分子，密度为 1.120 g/cm³。同时，单个分子的分子式为 $C_{28}H_{63}Li_3O_{12}Si_7$，与 FTIR、NMR 和 MALDI-TOF MS 所得到的结果相一致。

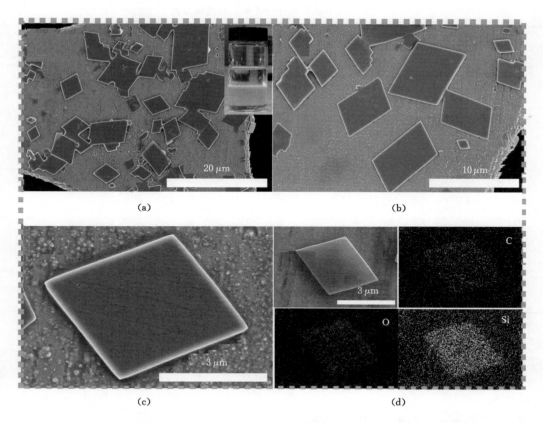

(a)

(b)

(c)

(d)

图 5-18　氯仿分散液中 ibu-T$_7$-Li-POSS 平行四边形状的微米晶体的 SEM 图像
及 C、O 和 Si 元素的面扫图

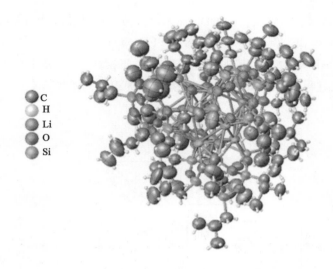

图 5-19　ibu-T$_7$-Li-POSS 晶胞中 4 个分子堆积结构

表 5-3　ibu-T$_7$-Li-POSS 单晶的晶体参数

分子式	C$_{112}$H$_{252}$Li$_{12}$O$_{48}$Si$_{28}$
相对分子质量	3 236.92
测试温度/K	150
晶系	正交
空间族群	Pna2$_1$
a/Å	28.130 4(10)
b/Å	21.729 7(8)
c/Å	31.394 5(11)
α/(°)	90
β/(°)	90
γ/(°)	90
体积/Å^3	19 190.4(12)
Z(晶胞中分子个数)/个	4
密度/(g·cm^{-3})	1.120

5.5　ibu-T$_7$-Li-POSS 在 EP 中的应用

5.5.1　EP/ibu-T$_7$-Li-POSS 的固化过程

　　首先,干燥的三口圆底烧瓶中加入 DGEBA(E-44),在 140 ℃并伴有机械搅拌下预热30 min 以排除 E-44 液体中的气泡,将过筛(200 目)后的 ibu-T$_7$-Li-POSS 粉末加入 E-44中,并继续搅拌 2 h。然后,将固化剂 DDS 加入混合液体中并搅拌 30 min 以使其充分溶解。最后,将所得混合液体快速倒入聚四氟乙烯(PTFE)模具中,在 180 ℃下固化 4 h。纯 EP 的制备不加 ibu-T$_7$-Li-POSS 粉末,其他过程与以上步骤相同。EP 及 EP/ibu-T$_7$-Li-POSS 纳米复合材料的固化过程示意图如图 5-20 所示,相应的组分列于表 5-4。

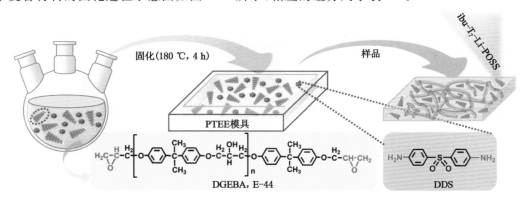

图 5-20　EP 及 EP/ibu-T$_7$-Li-POSS 纳米复合材料的固化过程

表 5-4　EP 及 EP/ibu-T₇-Li-POSS 纳米复合材料各组分的质量

样品	各组分的质量/g		
	E-44	DDS	ibu-T$_7$-Li-POSS
EP	260	78	0
EP-1	260	78	3.41(1%)
EP-3	260	78	10.45(3%)
EP-5	260	78	17.79(5%)

5.5.2　填料分散状态分析

如图 5-21 所示,对 EP 和 EP-1 的淬断面采用 SEM 和 EDX 进行了详细的分析。纯 EP 的淬断面是光滑且无褶皱的,而 EP-1 的淬断面是相对粗糙的。而且由图 5-21(e)～图 5-21(g)可以清晰地看到,一些刚性的二维纳米片暴露在 EP-1 淬断面的表面。EP-1 淬断面(g)相应的 C 和 Si 元素分布图进一步确定了 ibu-T₇-Li-POSS 在 EP 基体中呈现二维纳米片分布。

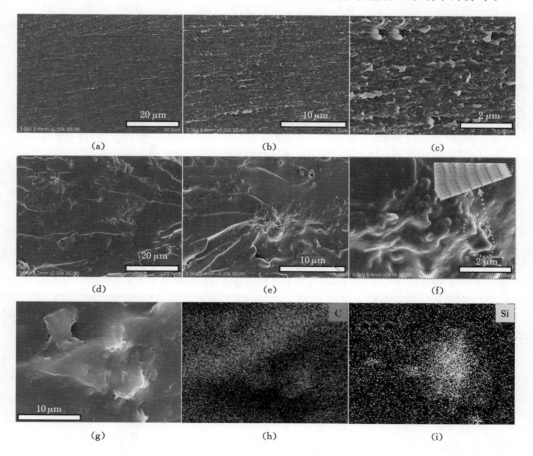

图 5-21　EP 和 EP-1 的淬断面在不同放大倍数下的 SEM 图像;
EP-1 淬断面 C 和 Si 元素的面扫图

5.5.3 EP/ibu-T₇-Li-POSS 热性能分析

EP 和 EP/ibu-T$_7$-Li-POSS 纳米复合材料在氮气氛下的 TG 和 DTG 曲线如图 5-22 所示,相应的数据列于表 5-5 中。为了形成对比,图中添加了产物 ibu-T$_7$-Li-POSS 的 TG 和 DTG 曲线。由 TG 结果可知,随着 ibu-T$_7$-Li-POSS 添加量的增大,所得 EP/ibu-T$_7$-Li-POSS 纳米复合材料的初始分解温度逐渐降低。尤其是添加量为 5% 时,EP-5 的初始分解温度由纯 EP 的 373 ℃急剧降低到 321 ℃,此值甚至低于产物 ibu-T$_7$-Li-POSS 的初始分解温度(335 ℃)。相比于纯 EP,如图 5-22 所示,添加量为 1% 和 3% 时,虽然最大分解速率处的温度只有略微降低,但此处的分解速率明显加快。当添加量增大到 5% 时,最大分解速率处的温度明显降低。研究结果表明,在 ibu-T$_7$-Li-POSS 的添加量达到一定值时,由于 ibu-T$_7$-Li-POSS 提前发生热分解,会显著促进所得 EP 复合材料的热分解过程。此外,随着 ibu-T$_7$-Li-POSS 添加量的增大,所得 EP/ibu-T$_7$-Li-POSS 纳米复合材料在 800 ℃时的残炭量逐渐增加。这表明:ibu-T$_7$-Li-POSS 的添加有助于 EP 基体在分解过程中的交联成炭反应,而促进基体材料的成炭反应对于阻燃剂是至关重要的。

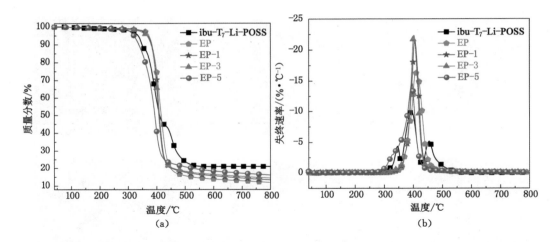

图 5-22　产物 ibu-T$_7$-Li-POSS、EP 和 EP/ibu-T$_7$-Li-POSS 纳米复合材料在氮气氛下的 TG 和 DTG 曲线

表 5-5　EP 及 EP/ibu-T$_7$-Li-POSS 纳米复合材料氮气氛下的 TG 数据

样品	T_{onset}/℃	T_{max1}/℃	800 ℃时残炭量/%
EP	373	409	12.0
EP-1	371	406	13.5
EP-3	367	403	14.5
EP-5	321	396	16.2

注:T_{onset}表示质量损失为 5% 时的温度;T_{max}表示最大质量损失速率处的温度。

玻璃化转变温度(T_g)是衡量 EP 纳米复合材料可用性的关键参数之一。EP 及 EP/ibu-T$_7$-Li-POSS 纳米复合材料的 T_g 值由 DSC 测试得到。如图 5-23 和图 5-24 所示,与纯 EP 相比,添加了 ibu-T$_7$-Li-POSS 的 EP 纳米复合材料的 T_g 值并没有发生明显的变化。

这也说明 ibu-T₇-Li-POSS 的添加并不会影响所得复合材料的交联结构。此外,由 DDSC 曲线(DSC 曲线一次微分得到)可以看出,它只有一个单一的峰值,表明 ibu-T₇-Li-POSS 在 EP 中分散良好,所以只出现一个 T_g 值。

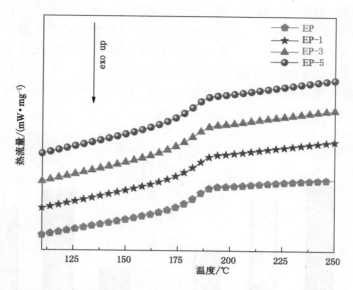

图 5-23　EP 和 EP/ibu-T₇-Li-POSS 纳米复合材料的 DSC 曲线

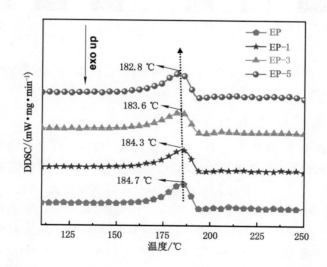

图 5-24　EP 和 EP/ibu-T₇-Li-POSS 纳米复合材料的 DDSC 曲线

5.5.4　EP/ibu-T₇-Li-POSS 力学性能分析

在实际应用中,拉伸性能和弯曲性能通常被用作一个重要的参数去表征热固性树脂的机械性能。一般情况下,阻燃剂的添加会弱化所制备高分子复合材料的机械性能。由图 5-25 可知,与纯 EP 相比,随着 ibu-T₇-Li-POSS 添加量的逐渐增大,所得 EP/ibu-T₇-Li-POSS 纳米复合材料的抗拉强度有明显的降低,而添加了 ibu-T$_7$-Li-POSS 的 EP 纳米复合材料的弯曲强度会有所提高。特别地,当 ibu-T$_7$-Li-POSS 的添加量为 1% 时,EP-1 的弯曲强度由纯 EP 的 81.8 MPa 提高到了 110 MPa。然而,随着 ibu-T$_7$-Li-POSS 添加量的继续增大,所得 EP/ibu-T$_7$-Li-POSS 纳米复合材料的弯曲强度逐渐降低。这是因为 ibu-T$_7$-Li-POSS 在 EP 基体内二次聚集所致,所以在 EP 添加 ibu-T$_7$-Li-POSS 能够保持甚至提高所得 EP 纳米复合材料的弯曲强度。据文献报道,二维层状材料(如石墨烯、蒙脱土和氮化硼纳米片)可以凭借转移纳米片层-聚合物界面的载荷来显著提升所制备高分子复合材料的弯曲强度[40]。因此,EP-1 弯曲强度明显增大的原因在于 ibu-T$_7$-Li-POSS 刚性纳米片在 EP 中优异的分散状态。

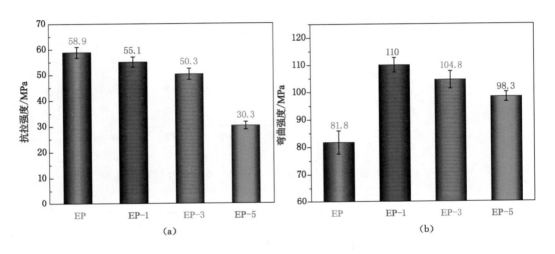

图 5-25　纯 EP 及 EP/ibu-T$_7$-Li-POSS 纳米复合材料的抗拉强度和弯曲强度

5.5.5　EP/ibu-T$_7$-Li-POSS 阻燃性能分析

在真实的火灾情况下,危害主要集中在燃烧过程中热量、烟雾和有毒气体的释放上。通常采用极限氧指数(LOI)和锥形量热仪测试来量化纳米复合材料的阻燃性和抑烟性。如表 5-6 所列,随着 ibu-T$_7$-Li-POSS 添加量的增加,LOI 值逐步增大。特别地,ibu-T$_7$-Li-POSS 的添加量增加到 5% 时,LOI 值由纯 EP 的 23.0% 增大到 28.2%,由可燃材料升级为难燃材料。此外,EP 和 EP/ibu-T$_7$-Li-POSS 纳米复合材料的热释放速率曲线如图 5-26 所示。从燃烧过程中热释放角度考虑,随着 ibu-T$_7$-Li-POSS 的添加量由 1% 增加到 5%,所得纳米复合材料的 p-HRR 值的降低量由 8.9% 增大到 34.1%。相应地,对于毒性气体 CO 的释放(图 5-27),随着 ibu-T$_7$-Li-POSS 的添加量的增大,所得纳米复合材料的 COP 值逐渐降低。尤其是添加量为 5% 时,相比于纯 EP 的 0.032 g/s 的 COP 值,EP-5 的 COP 值降低到 0.019 g/s,降幅达 40.6%。以上研究结果说明,随着 ibu-T$_7$-Li-POSS 添加量的增大,明显抑制了所得 EP 纳米复合材料燃烧过程中热量和有毒气体的释放。

表 5-6　EP 和 EP/ibu-T$_7$-Li-POSS 纳米复合材料 LOI 和锥形量热数据

样品	TTI/s	p-HRR/(kW·m^{-2})	p-SPR/(m^2·s^{-1})	COP/(g·s^{-1})	LOI/%
EP	36±2	1074±25	0.44±0.03	0.032±0.002	23.0
EP-1	27±1	978±20	0.29±0.02	0.032±0.001	24.4
EP-3	29±1	975±23	0.28±0.01	0.029±0.002	26.5
EP-5	22±1	708±18	0.27±0.02	0.019±0.001	28.2

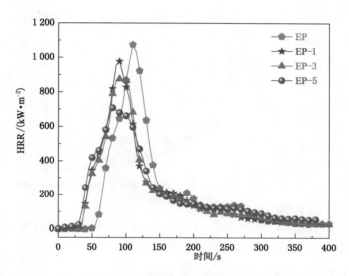

图 5-26　EP 和 EP/ibu-T$_7$-Li-POSS 纳米复合材料的 HRR 曲线

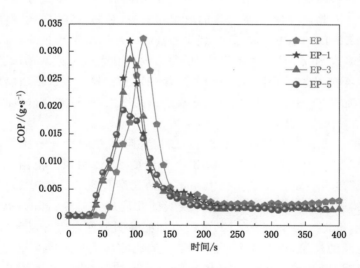

图 5-27　EP 和 EP/ibu-T$_7$-Li-POSS 纳米复合材料的 COP 曲线

　　对于复合材料燃烧过程中烟雾的释放,采用如图 5-28 所示的烟雾产生速率曲线表征。与 p-HRR 和 p-COP 值的变化趋势相比,EP/ibu-T$_7$-Li-POSS 纳米复合材料的 p-SPR 峰值表现出了明显不同的变化趋势。在 ibu-T₇-Li-POSS 的添加量仅为 1% 时，相比于纯 EP，EP-1 的 p-SPR 值降幅已经达 20%。然而，随着 ibu-T₇-Li-POSS 添加量的进一步增大，所得 EP 纳米复合材料的 p-SPR 峰值却并没有进一步逐渐降低。研究结果表明，ibu-T₇-Li-POSS 在极低的添加量下就能给予所得 EP 纳米复合材料优异的抑烟效果。

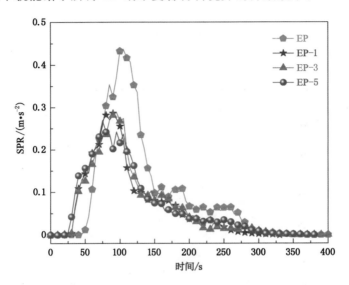

图 5-28　EP 和 EP/ibu-T₇-Li-POSS 纳米复合材料的 SPR 曲线

5.5.6　EP/ibu-T₇-Li-POSS 凝聚相阻燃机理

高分子复合材料燃烧过程中热量、烟雾和有毒气体挥发物的释放与燃烧过程中所形成的炭层密切相关。因此，研究燃烧后残炭的形貌和结构，对揭示其中的阻燃机理至关重要。锥形量热测试后 EP、EP-1、EP-3 和 EP-5 残炭的数码照片如图 5-29 所示。由于 POSS 在热分解后的产物大多为 SiO_2，因而含有 POSS 的复合材料在燃烧后残炭的颜色由纯 EP 的黑色逐渐转变为白灰色。此外，由图 5-29(a)可知，纯 EP 被点燃后经过剧烈燃烧，只有极少量的残炭残留。而随着 EP 中 ibu-T₇-Li-POSS 添加量的增大，所得复合材料的残炭量明显增加，这与 TG 的结果保持一致。

采用 SEM 进一步分析内部残炭的形貌，以探究阻燃性能提升的原因。如图 5-30 给出了锥形量热测试后 EP、EP-1、EP-3 和 EP-5 残炭的 SEM 图像。由图 5-30(a)可知，纯 EP 燃烧后的内部残炭表面有大量孔径大小不一的孔洞和裂缝。随着 ibu-T₇-Li-POSS 添加量的增大，所得到的 EP 复合材料的内部残炭的孔洞越来越少；同时，其表面越来越光滑而致密。因此，ibu-T₇-Li-POSS 在 EP 中的添加能够明显促进所得复合材料在燃烧过程中形成致密而连续的炭层，进而提高残炭质量。形成的高质量致密炭层可以充当一个有效的物理热绝缘层，以达到阻止剩余基体材料与外界的热交换，从而阻止烟雾和毒性气体的释放。

为了进一步研究添加 ibu-T₇-Li-POSS 的 EP 纳米复合材料阻燃和抑烟性能提升的本质原因，通过 FTIR 谱、Raman 光谱和 XPS 光谱来表征残炭的化学结构。如图 5-31 所示，在 EP 和

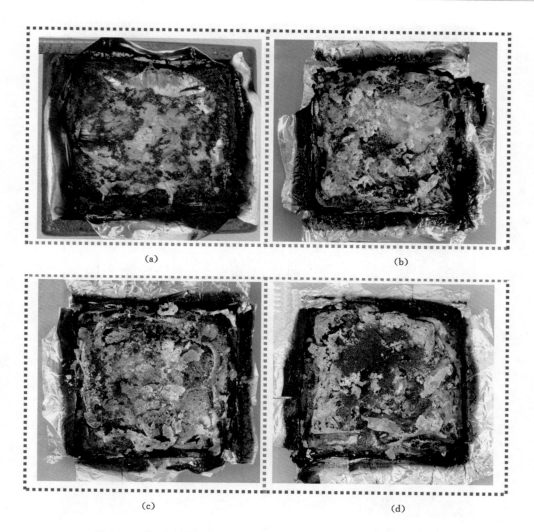

(a)

(b)

(c)

(d)

图 5-29　锥形量热测试后 EP、EP-1、EP-3 和 EP-5 残炭的数码照片

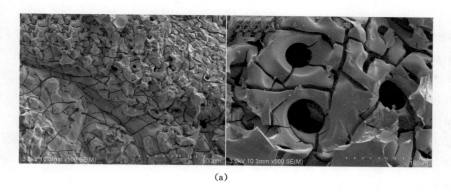

(a)

图 5-30　锥形量热测试后 EP、EP-1、EP-3 和 EP-5 残炭的 SEM 图像

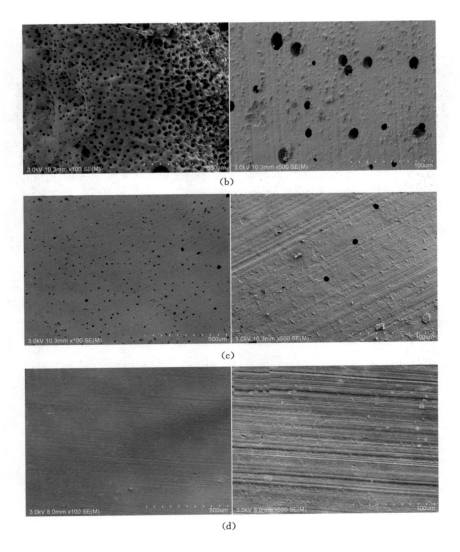

图 5-30 （续）

EP-5 残炭的 FTIR 谱中 731 cm^{-1}和 1 586 cm^{-1}处出现了两个吸收强度较弱的宽峰,归属为稠环芳烃中 C═C 键的特征峰[41]。同时,与纯 EP 残炭的 FTIR 谱相比,EP-5 残炭的 FTIR 谱出现了 939 cm^{-1}处 ibu-T$_7$-Li-POSS 中 O—Li 键的特征吸收峰,表明含有ibu-T$_7$-Li-POSS 的 EP 纳米复合材料燃烧后仍有大量的锂元素残留。此外,在 EP-5 残炭的 FTIR 谱中 1 000～1 100 cm^{-1}出现了一些小而尖锐的特征峰,进一步证实了残炭中的 SiO$_2$ 存在。

一般来说,碳材料的石墨化程度是一个评价锥形量热测试后残炭的质量和热稳定性的重要参数,这个参数可以由拉曼光谱测试得到[42]。如图 5-32 给出了 EP 和 EP-5 锥形量热测试后残炭的拉曼光谱,图谱中分别在 1 364 cm^{-1}和 1 592 cm^{-1}出现了两个明显的拟合峰,即所谓的 D 带和 G 带。石墨化程度的大小可以根据 D 带和 G 带拟合峰的积分面积比计算,即 I_D/I_G[43]。特别地,I_D/I_G 值越小,则等价于石墨化程度越高。根据计算可知,纯 EP

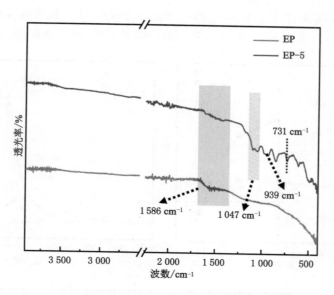

图 5-31　EP 和 EP-5 锥形量热测试后残炭的 FTIR 谱

的 I_D/I_G 值为 1.62,明显高于 EP-5 的 1.25。该结果也表明,EP-5 残炭的石墨化程度高于纯 EP。因此,该优异的炭层能够有效地抑制热量的传递和火焰的传播,进而减轻火灾的危险。

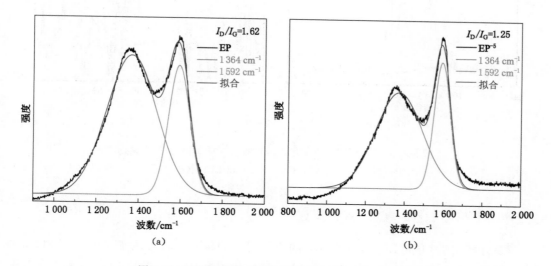

图 5-32　EP 和 EP-5 锥形量热测试后残炭的拉曼光谱

　　XPS 被用来探索锂元素在凝聚相阻燃中的重要作用。如图 5-33 所示,在纯 EP 和 EP-5 的残炭中都含有 C、O 和 N 三种元素,Si 和 Li 元素只在 EP-5 的残炭中出现。同时,EP-5 残炭的 Li 1s 高分辨率 XPS 光谱在 55.6 eV 处只出现了一个 O—Li 键的拟合峰[44],这进一步佐证了 FTIR 的测试结果。EP-5 残炭的高分辨率 C 1s XPS 光谱可以拟合为 283.8 eV、284.8 eV、285.9 eV 和 289.1 eV 等 4 个峰,分别对应于 C—Si、C—C/C—H(芳香环中)、

C—O 和CO₃²⁻ 结构,且其中主要为稠环芳烃结构。此外,在 EP-5 残炭的高分辨率 Si 2p XPS 光谱中主要为 Si—O—S 结构的拟合峰,进一步说明残炭中 SiO₂ 的存在。

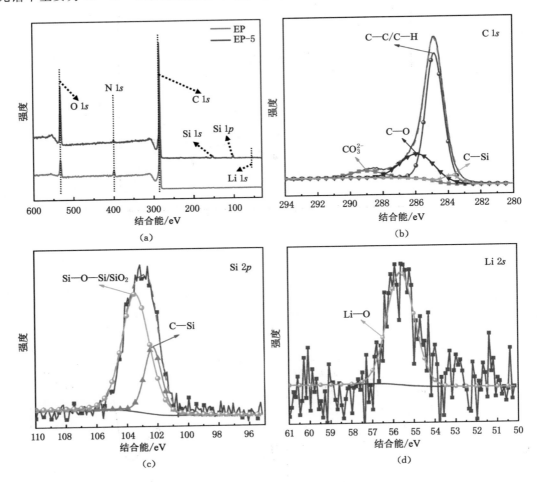

图 5-33　EP 和 EP-5 锥形量热测试后残炭的 XPS 宽扫光谱;
EP-5 残炭的高分辨率 C 1s、Si 2p 和 Li 1s XPS 光谱

5.5.7　EP/ibu-T₇-Li-POSS 气相阻燃机理

图 5-34 给出了 EP 和 EP-5 在氮气氛下的 3D TG-FITR。可以看出,尽管 ibu-T₇-Li-POSS 的添加对所得到 EP 纳米复合材料热分解产生气体的种类影响较小,但是 EP-5 在整个热分解过程所释放的总气体量显著低于纯 EP,如图 5-35 所示。

此外,一些热分解过程中产生的典型的易燃性气体挥发物的释放速率 FTIR 谱如图 5-35 所示。与纯 EP 相比,EP-5 在热分解中烃类化合物(2 930 cm⁻¹)、含羰基的化合物(1 740 cm⁻¹)、芳香族化合物(1 510 cm⁻¹)和含有醚键的化合物(1 175 cm⁻¹)的释放速率明显降低。这些结果进一步证明了添加 ibu-T₇-Li-POSS 到 EP 后,可以有效地限制所得复合材料在燃烧过程中易燃和有毒气体的释放。这也意味着,有更多的物质参与了凝聚相的催

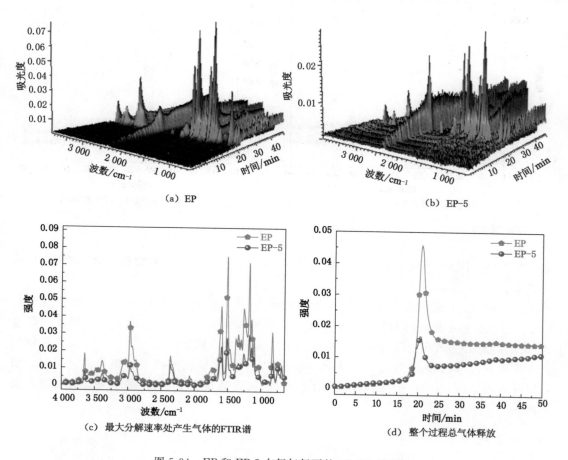

（a）EP

（b）EP-5

（c）最大分解速率处产生气体的FTIR谱

（d）整个过程总气体释放

图 5-34　EP 和 EP-5 在氮气氛下的 3D TG-FITR

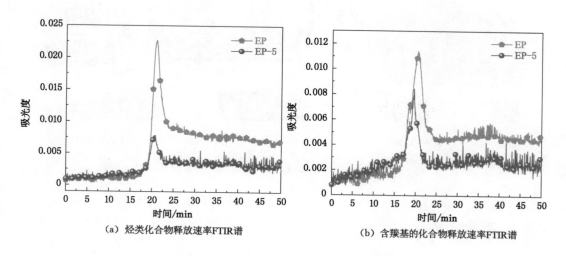

（a）烃类化合物释放速率FTIR谱

（b）含羰基的化合物释放速率FTIR谱

图 5-35　EP 和 EP-5 在氮气氛下的热分解过程中

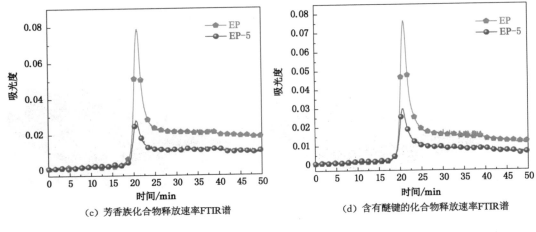

（c）芳香族化合物释放速率FTIR谱　　　（d）含有醚键的化合物释放速率FTIR谱

图 5-35　（续）

化成炭反应。因此，形成了更加高质量的炭层，阻碍了有毒气体挥发物的排放，进而减轻火灾隐患。

　　综上所述，可能的阻燃和抑烟机理如图 5-36 所示。同其他含 POSS 的复合材料一样[45]，当含有 ibu-T$_7$-Li-POSS 的 EP 纳米复合材料被点燃时，基体表面会迅速形成一层富含 SiO$_2$ 的灰白色热绝缘保护炭层。随着 ibu-T$_7$-Li-POSS 添加量的增大，在 Li 元素的催化成炭作用下，在内部逐渐形成了含有稠环芳烃和 C—Si 等结构的高度石墨化致密炭层。该炭层有效地抑制了热量、烟雾和有毒气体的释放，从而提升了所得 EP 纳米复合材料的火安全性能。

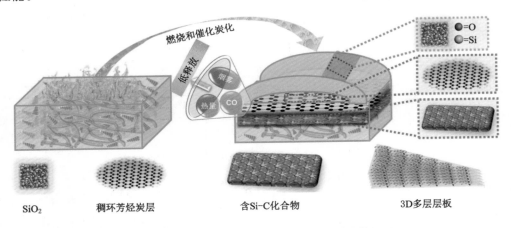

图 5-36　EP/ibu-T$_7$-Li-POSS 纳米复合材料阻燃机理

5.6　本章小结

　　本章以异丁基三乙氧基硅烷和 LiOH·H$_2$O 为原料，合成了含碱金属锂的七异丁基不完全缩聚硅倍半氧烷（ibu-T$_7$-Li-POSS），详细表征了产物的化学结构和热稳定性。

ibu-T_7-Li-POSS 粉末在乙醇中不同浓度下形成了不同维度具有规则几何形貌的微 - 纳米晶体,在丙酮和氯仿中产生了平行四边形微米级晶体。通过缓慢挥发溶剂法在氯仿中得到了 ibu-T_7-Li-POSS 的单晶,解析出了 ibu-T_7-Li-POSS 的准确分子结构。

将合成的 ibu-T_7-Li-POSS 以 1%、3% 和 5% 的添加量添加到 DGEBA/DDS 的 EP 中形成纳米复合材料:

(1) ibu-T_7-Li-POSS 的添加提高了所制备 EP 纳米复合材料的热稳定性,保持了 EP 的玻璃化转变温度。

(2) 在阻燃性能方面,相比于纯 EP,EP/ibu-T_7-Li-POSS 复合材料的热释放和烟释放明显降低,氧指数明显提高。从凝聚相和气相两个方面研究了阻燃机理。

(3) 在 EP 中添加 ibu-T_7-Li-POSS 能够提高复合材料的弯曲性能。

本章参考文献

[1] ZHOU J D, LIN J H, HUANG X W, et al. A library of atomically thin metal chalcogenides[J]. Nature,2018,556:355-359.

[2] HAO Q,LI Z J,LU C,et al. Oriented two-dimensional covalent organic framework films for near-infrared electrochromic application[J]. Journal of the american chemical society,2019,141(50):19831-19838.

[3] DONG R H,ZHANG T,FENG X L. Interface-assisted synthesis of 2D materials:trend and challenges[J]. Chemical reviews,2018,118(13):6189-6235.

[4] CHEN G F,ZHANG G P,JIN B X,et al. Supramolecular hexagonal platelet assemblies with uniform and precisely-controlled dimensions[J]. Journal of the american chemical society,2019,141(39):15498-15503.

[5] YU D B,SHAO Q,SONG Q J,et al. A solvent-assisted ligand exchange approach enables metal-organic frameworks with diverse and complex architectures[J]. Nature communications,2020,11:927.

[6] JIANG T,XU C F,LIU Y,et al. Structurally defined nanoscale sheets from self-assembly of collagen-mimetic peptides[J]. Journal of the american chemical society, 2014,136(11):4300-4308.

[7] PANG X C,HE Y J,JUNG J,et al. 1D nanocrystals with precisely controlled dimensions,compositions,and architectures[J]. Science,2016,353(6305):1268-1272.

[8] CAI X K,LUO Y T,LIU B L,et al. Preparation of 2D material dispersions and their applications[J]. Chemical society reviews,2018,47(16):6224-6266.

[9] COLEMAN J N, LOTYA M, O'NEILL A, et al. Two-dimensional nanosheets produced by liquid exfoliation of layered materials[J]. Science, 2011, 331 (6017): 568-571.

[10] ZHANG Y,ZHANG L Y,ZHOU C W. Review of chemical vapor deposition of graphene and related applications[J]. Accounts of chemical research,2013,46(10):

2329-2339.

[11] SHI Y M,HAMSEN C,JIA X T,et al. Synthesis of few-layer hexagonal boron nitride thin film by chemical vapor deposition[J]. Nano Letters,2010,10(10):4134-4139.

[12] GONG Y J,LIN J H,WANG X L,et al. Vertical and in-plane heterostructures from WS₂/MoS₂ monolayers[J]. Nature materials,2014,13:1135-1142.

[13] SHI Y M,LI H N,LI L J. Recent advances in controlled synthesis of two-dimensional transition metal dichalcogenides via vapour deposition techniques [J]. Chemical society reviews,2015,44(9):2744-2756.

[14] HAN W,HUANG P,LI L,et al. Two-dimensional inorganic molecular crystals[J]. Nature communications,2019,10:4728.

[15] CHANMUNGKALAKUL S, ERVITHAYASUPORN V, BOONKITTI P, et al. Anion identification using silsesquioxane cages[J]. Chemical science, 2018,9(40): 7753-7765.

[16] LIU H,LUO J C,SHAN W P,et al. Manipulation of self-assembled nanostructure dimensions in molecular Janus particles[J]. ACS nano,2016,10(7):6585-6596.

[17] ZHANG W C, CAMINO G, YANG R J. Polymer/polyhedral oligomeric silsesquioxane (POSS) nanocomposites:an overview of fire retardance[J]. Progress in Polymer science, 2017,67:77-125.

[18] BILYACHENKO A N, KULAKOVA A N, LEVITSKY M M, et al. Unusual tri-, hexa-,and nonanuclear Cu(II) cage methylsilsesquioxanes:synthesis,structures,and catalytic activity in oxidations with peroxides[J]. Inorganic chemistry,2017,56(7): 4093-4103.

[19] DRONOVA M S,BILYACHENKO A N,YALYMOV A I,et al. Solvent-controlled synthesis of tetranuclear cage-like copper(Ⅱ) silsesquioxanes. Remarkable features of the cage structures and their high catalytic activity in oxidation with peroxides [J]. Dalton trans,2014,43(2):872-882.

[20] BILYACHENKO A N,DRONOVA M S,YALYMOV A I,et al. Binuclear cage-like copper(Ⅱ) silsesquioxane ("cooling tower")-its high catalytic activity in the oxidation of benzene and alcohols[J]. European journal of inorganic chemistry,2013, 2013(30):5240-5246.

[21] BILYACHENKO A N, YALYMOV A I, LEVITSKY M M, et al. First cage-like pentanuclear Co(ii)-silsesquioxane[J]. Dalton transactions,2016,45(35):13663-13666.

[22] HUANG M J,HSU C H,WANG J,et al. Selective assemblies of giant tetrahedra via precisely controlled positional interactions[J]. Science,2015,348(6233):424-428.

[23] LI Z H,WU D C,LIANG Y R,et al. Synthesis of well-defined microporous carbons by molecular-scale templating with polyhedral oligomeric silsesquioxane moieties[J]. Journal of the american chemical society,2014,136(13):4805-4808.

[24] PROUST A, MATT B, VILLANNEAU R, et al. Functionalization and post-

functionalization: a step towards polyoxometalate-based materials [J]. Chemical society reviews,2012,41(22):7605-7622.

[25] YONESATO K, ITO H, ITAKURA H, et al. Controlled assembly synthesis of atomically precise ultrastable silver nanoclusters with polyoxometalates[J]. Journal of the american chemical society,2019,141(50):19550-19554.

[26] ZHENG Q, KUPPER M, XUAN W M, et al. Anisotropic polyoxometalate cages assembled via layers of heteroanion templates[J]. Journal of the american chemical society,2019,141(34):13479-13486.

[27] MA C, WU H, HUANG Z H, et al. A filled-honeycomb-structured crystal formed by self-assembly of a Janus polyoxometalate-silsesquioxane (POM-POSS) co-cluster [J]. Angewandte Chemie (International Ed in English),2015,54(52):15699-15704.

[28] LIU H, LUO J C, SHAN W P, et al. Manipulation of self-assembled nanostructure dimensions in molecular Janus particles[J]. ACS nano,2016,10(7):6585-6596.

[29] QI Z, ZHANG W C, HE X D, et al. High-efficiency flame retardency of epoxy resin composites with perfect T8 caged phosphorus containing polyhedral oligomeric silsesquioxanes (P-POSSs)[J]. Composites science and technology,2016,127:8-19.

[30] ZHAO H J, DENG N P, YAN J, et al. Effect of OctaphenylPolyhedral oligomeric silsesquioxane on the electrospun Poly-m-phenylene isophthalamid separators for lithium-ion batteries with high safety and excellent electrochemical performance[J]. Chemical engineering journal,2019,356:11-21.

[31] ZHANG W W, ZHANG W C, ZHANG X, et al. Synthesis and thermal curing of liquid unsaturated polysilsesquioxane and its mechanical and thermal properties[J]. Polymer degradation and stability,2020,178:109200.

[32] YE X M, ZHANG W C, YANG R J, et al. Facile synthesis of lithium containing polyhedral oligomeric phenyl silsesquioxane and its superior performance in transparency, smoke suppression and flame retardancy of epoxy resin[J]. Composites science and technology,2020,189:108004.

[33] CORDES D B, LICKISS P D, RATABOUL F. Recent developments in the chemistry of cubic polyhedral oligosilsesquioxanes [J]. Chemical reviews, 2010, 110 (4): 2081-2173.

[34] ZHANG W C, WANG X X, WU Y W, et al. Preparation and characterization of organic-inorganic hybrid macrocyclic compounds: cyclic ladder-like polyphenylsilsesquioxanes [J]. Inorganic chemistry,2018,57(7):3883-3892.

[35] CHOI S S, LEE A S, HWANG S S, et al. Structural control of fully condensed polysilsesquioxanes: ladderlike vs cage structured polyphenylsilsesquioxanes [J]. Macromolecules,2015,48(17):6063-6070.

[36] TAN C L, CAO X H, WU X J, et al. Recent advances in ultrathin two-dimensional nanomaterials[J]. Chemical reviews,2017,117(9):6225-6331.

[37] WANG L, XU X Z, ZHANG L N, et al. Epitaxial growth of a 100-square-centimetre single-crystal hexagonal boron nitride monolayer on copper[J]. Nature, 2019, 570: 91-95.

[38] LUO L S, LO W S, SI X M, et al. Directional engraving within single crystalline metal-organic framework particles via oxidative linker cleaving[J]. Journal of the american chemical society, 2019, 141(51): 20365-20370.

[39] LI Y W, ZHANG W B, HSIEH I F, et al. Breaking symmetry toward nonspherical Janus particles based on polyhedral oligomeric silsesquioxanes: molecular design, "click" synthesis, and hierarchical structure[J]. Journal of the american chemical society, 2011, 133(28): 10712-10715.

[40] RAFIEE M A, RAFIEE J, WANG Z, et al. Enhanced mechanical properties of nanocomposites at low graphene content[J]. ACS nano, 2009, 3(12): 3884-3890.

[41] QIU S L, ZHOU Y F, ZHOU X, et al. Air-stable polyphosphazene-functionalized few-layer black phosphorene for flame retardancy of epoxy resins[J]. Small, 2019, 15(10): e1805175.

[42] ZHOU X, MU X W, CAI W, et al. Design of hierarchical NiCo-LDH@PZS hollow dodecahedron architecture and application in high-performance epoxy resin with excellent fire safety[J]. ACS applied materials & interfaces, 2019, 11(44): 41736-41749.

[43] YE X M, WANG Y H, ZHAO Z L, et al. A novel hyperbranched poly (phosphorodiamidate) with high expansion degree and carbonization efficiency used for improving flame retardancy of APP/PP composites[J]. Polymer degradation and stability, 2017, 142: 29-41.

[44] ZHANG X H, WANG D H, QIU X Y, et al. Stable high-capacity and high-rate silicon-based lithium battery anodes upon two-dimensional covalent encapsulation[J]. Nature communications, 2020, 11: 3826.

[45] ZHANG W W, ZHANG X, ZENG G F, et al. Flame retardant and mechanism of vinyl ester resin modified by octaphenyl polyhedral oligomeric silsesquioxane[J]. Polymers for advanced technologies, 2019, 30(12): 3061-3072.